김범준의
이것저것의
물리학

김범준의 이것저것의 물리학

1판 1쇄 발행 2023. 9. 21.
1판 3쇄 발행 2024. 1. 26.

지은이 김범준

발행인 박강휘 고세규
편집 강영특 디자인 홍세연 마케팅 정희윤 홍보 강원모
발행처 김영사

등록 1979년 5월 17일 (제406-2003-036호)
주소 경기도 파주시 문발로 197(문발동) 우편번호 10881
전화 마케팅부 031)955-3100, 편집부 031)955-3200 팩스 031)955-3111

값은 뒤표지에 있습니다.
ISBN 978-89-349-5497-2 03400

홈페이지 www.gimmyoung.com   블로그 blog.naver.com/gybook
인스타그램 instagram.com/gimmyoung   이메일 bestbook@gimmyoung.com

좋은 독자가 좋은 책을 만듭니다.
김영사는 독자 여러분의 의견에 항상 귀 기울이고 있습니다.

김범준의
이것저것의
물리학

김범준 지음

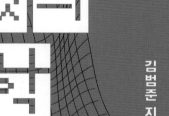

세상 물정에 관심 많은 과학자가
따끈따끈한 연구를 살피며 들려주는
자연과 세상의 경이로움

호기심 많은 물리학자의 종횡무진 세상 읽기

김영사

차례

머리말 • 006

1부 **물리학 뜯어보기**

존재의 이유 • 015 | 미래는 이미 결정되어 있을까? • 019 | 움직이는 모든 것은 운동량이 있다 • 023 | 시간의 크리스털 • 029 | 양자컴퓨터를 쓰는 법 • 036 | 양산을 쓴 얼음기둥 • 042 | 미끄러짐의 물리학 • 050 | 지진은 어떻게 발생할까? • 056 | 유리는 고체일까, 유체일까? • 060 | 중력파와 빛으로 함께 본 우주 • 064

2부 **생물학 읽어보기**

성이 둘이 아니라 셋이라면 • 069 | 암수 성비의 과학 • 075 | 무성생식과 유성생식 • 080 | DNA가 오른쪽으로 꼬인 이유 • 085 | 나는 한 개체일까? • 089 | 황제펭귄의 추위 대처법 • 093 | 생명은 늘 진화의 산을 오른다 • 097 | 3세대 만에 출현한 새로운 종 • 102

3부 뇌과학과 인공지능 훑어보기

짧은 시간을 길게 사는 법 • 107 | 내가 듣는 '내 목소리'는 왜 다를까? • 112 | 인공지능과 신경과학 • 117 | 인공지능 신경망 • 122 | 인공지능으로 이해하는 뇌 • 127 | 인공지능이 만들 인공지능 • 132 | 과학이 필요 없어지는 세계 • 136 | 인공지능이 그린 '하늘을 나는 물고기' • 139 | AI 코페르니쿠스 • 146 | 챗GPT는 과연 생각을 할까? • 150

4부 통계와 통계물리 톺아보기

우연이 필연이 되는 생일문제 • 159 | 까마귀 날자 배 떨어진다 • 164 | 현실 속 카오스 • 170 | 반딧불이의 때맞음 • 177 | 통계물리학으로 보는 뇌 • 186 | 양떼의 물리학 • 193 | 축구의 네트워크 과학 • 199 | 패턴의 형성: 달마티안과 도마뱀 • 205

5부 이것저것 들여다보기

테드 창의 소설 • 215 | 〈테넷〉과 시간의 물리학 • 221 | 〈그녀〉로 생각하는 사랑의 의미 • 227 | 선조들의 시공간 • 232 | 일식을 일으키는 법 • 237 | 혜성의 후예 • 242 | 늘어나는 되먹임 • 247 | 전분육등법으로 그려본 먼 미래 • 251

6부 과학과 사회 생각하기

물리학과 세상물정 • 257 | 과학이라는 신화 • 261 | 시간 상피제 • 265 | 세 번째 기준틀 • 269 | 99퍼센트와 1퍼센트 • 272 | 과학과 기술 • 276 | 과학은 과정이다 • 279 | 지구는 살아남을 수 있을까? • 282

과학으로 보는 넓고 경이로운 세상

과학은 무지개를 낱낱이 풀어 헤치는 차가운 시선이 아닙니다. 과학의 눈으로 바라보아도 무지개는 여전히 아름다워요. 아니, 과학의 눈으로 보면 무지개가 더 아름답다고 저는 생각합니다. 아름다운 무지개를 보면서, 왜 하늘은 파란지, 예쁜 저녁노을은 왜 붉은지, 그리고 위에서 바라본 맑은 물은 왜 푸른지도 모두 함께 생각해볼 수 있도록 하는 것이 과학의 눈이 가진 매력이니까요. 이 책은 한 물리학자가 바라본 재밌고 경이로운 세상의 모습을 담고 있어요. 제가 가지고 있는 물리학의 지식에 기대어 우리 주변의 세상을 생각해본 글도, 제가 알고 있는 과학의 내용을 나름의 방식으로 설명하려 애쓴 글도 있습니다. 또, 여러 과학 분야의 최신 연구 결과를 소개한 글도 있어요. 논문의 내용을 소개할 때에는 그 배경을 이루는 지식을 먼저 설명하고자 했다는 것도 밝힙니다.

1부(물리학 뜯어보기)에는 침 묻혀 책장을 넘길 수 있는 이유, 날아오는 야구공을 글러브로 잡는 이유처럼, 익숙한 현상을 물리학으로 살펴보는 내용이 담겨 있어요. 짐작할 수 없어 오리무중으로 보이는 우리의 미래가 뉴턴 고전역학의 결정론과 어떤 관계에 있는지, 물질로 이루어진 우리 모든 존재가 가능한 이유는 무엇인지처럼, 철학적인 주제와 연결되는 글도 있습니다.

2부(생물학 읽어보기)에는 수학과 통계물리학으로 생각해보는 생명에 대한 이야기가 펼쳐집니다. 남녀처럼 왜 성은 셋이 아니라 둘인지, 바다코끼리의 암수 성비는 어떻게 결정되는지에 대한 글도 있고, 추운 겨울을 버티는 황제펭귄의 밀집대형이 어떻게 형성되는지도 설명해보았습니다. 생명이 보여주는 모습은 정말 다양하지만, 수학과 물리학으로 큰 틀에서 설명할 수 있는 생명현상이 있다는 것이 신기하지 않으세요?

3부(뇌과학과 인공지능 훑어보기)에는 우리 뇌의 작동방식과 이로부터 인간이 배워 구현한 인공지능에 대한 이야기가 담겨 있어요. 최근 관심을 받고 있는 챗GPT와 미드저니 같은 생성형 인공지능이 어떤 원리로 작동하는지, 통계물리학자의 관점에서 설명해보려 했습니다. 미래에 도래할 수도 있을, 인간이 아닌 인공지능 물리학자의 출현 가능성에 대한 제 고민도 담겨 있습니다.

　4부(통계와 통계물리 톺아보기)에서는 간단한 통계학으로 선거 결과를 이해하는 법, 그리고 제가 연구하는 통계물리 분야의 최근 연구를 소개했습니다. 도마뱀의 알록달록한 문양이 어떻게 만들어지는지를 통계물리학의 이론 모형으로 재현한 연구가 저는 특히 인상 깊었어요. 평화로운 양떼가 놀라운 집단지성을 보여준다는 연구도 정말 신기했죠.

　5부(이것저것 들여다보기)에는 제가 여러 SF소설과 영화를 보면서 느꼈던 것을 적어보았습니다. 무지개도 과학으로 보면 더 예쁘듯이, 영화와 소설도 과학의 눈으로 보면 더 재밌습니다. 일식과 혜성과 같은 천체 현상이 어떻게 일어나는지, 우리 선조들이 파악한 시공간이 현대를 살아가는 우리와 어떻게 다른지도 5부에서 설명해보았습니다.

　6부(과학과 사회 생각하기)에서는 과학의 내용보다는 세상을 바라보는 제 시선을 소개하고 싶었어요. '~을 위한'이라는 수식이 붙지 않는, 결과가 아닌 과정으로서의 과학을 저는 꿈꾸고 있습니다. 지구의 모든 생명종의 수명은 앞으로 50억 년 정도로 딱 정해져 있어요. 그때가 되면 태양이 크게 팽창해 어떤 생명도 지구에 살 수 없게 됩니다. 우리 인간 스스로 만들어낸 문제 때문에, 허락된 이 잔여수명을 어쩌면 채우지 못할 수 있다는 안타까움도 솔직히 적어보았어요.

과학자는 자신의 연구 결과를 논문의 형태로 발표합니다. 매일같이 수많은 논문이 세상에 새롭게 모습을 드러내죠. 전문적인 내용이 담긴 논문을 읽는 독자의 대부분은 논문 저자와 같은 분야의 과학자들입니다. 그렇다 보니 그 분야의 과학자라면 누구나 알고 있는 기본적인 내용은 논문에 넣지 않아서, 약간만 연구 분야가 달라도 과학자들도 논문을 이해하기 어려울 때가 많습니다.

요즘 어떤 일이 진행되고 있는지, 여러분이 넓은 과학 분야의 소식이 궁금하다면 지난 주 출판된 논문을 꼼꼼히 읽는 것에서 시작하는 것은 좋은 방법이 아닙니다. 최근의 과학 소식이 궁금하다면 이해하기 쉽게 풀어 연구 결과를 알려주는 매체를 이용하는 것이 더 좋습니다. 제가 자주 이용하는 매체의 목록입니다.

1. 시몬스 재단에서 지원하는 〈콴타 매거진〉: https://www.quantamagazine.org
2. 미국 물리학회에서 운영하는 물리학 소식 사이트: https://physics.aps.org
3. 〈뉴욕타임스〉의 과학 섹션: https://www.nytimes.com/section/science
4. 동아사이언스: http://www.dongascience.com
5. 한국과학창의재단의 〈사이언스타임즈〉: https://www.

〈퀀타 매거진〉은 물리학, 수학, 생물학, 그리고 컴퓨터 과학 분야의 최근 연구 결과 중 의미 있는 것들을 자세히 소개하는 곳입니다. 과학자가 아닌 사람들의 눈높이에 맞추면서도 과학의 내용도 꼼꼼히 충실하게 소개하는 사이트죠. 미국 물리학회에서 운영하는 과학 뉴스 사이트도 좋아요. 주로 물리학 학술지에 출판된 최근 논문을 짧게 소개하는 곳입니다. 〈뉴욕타임스〉의 과학 섹션은 다루는 주제가 상당히 넓습니다. 의학, 뇌과학, 역사학, 인류학 등 다양한 분야의 새로운 발견을 이해하기 쉬운 글로 잘 설명하는 곳입니다. 우리나라의 동아사이언스와 한국과학창의재단에서 발간하는 과학 소식도 참 좋습니다. 특히 우리나라 연구자들의 생생한 연구 결과를 접할 수 있는 곳이죠. 〈뉴욕타임스〉를 제외하면 모두 무료 사이트입니다. 이메일 주소를 등록하면 새로운 과학 소식을 정기적으로 받아볼 수 있습니다.

과학 소식을 쉽게 설명한 매체의 글을 읽고는 뉴스에서 소개한 원 논문도 찾아 읽어보려 노력해보세요. 어떤 논문은 정말 어렵지만, 간혹 누가 읽어도 이해하기 쉬운 논문들도 있습니다. 논문을 직접 읽어보시면, 과학자들이 어떻게 연구를 진행하는지, 그리고 연구 결과를 어떤 방식으로 정리해 결론으로 이끄는지 생생하게 느낄 수 있습니다. 출판된 모든 논문에는 고유한 식별부호인 DOI(Digital Object Identifier)가 부여됩니다. 책에서 연구 결과를 소개할 때 원 논문의 DOI 번호도 함께 적었습니다. 웹브라우저의 검색 창에 DOI 번호를 입력하면 논문을 볼 수 있는 사이트로 곧바로 연결됩니다. 오픈에이아이의 챗GPT, 구글의 Bard, 마이크로소프트의 Bing 등을 이용하면, 논문을 우리말로 번역하거나 주요 내용을 요약해 읽어볼 수도 있습니다.

다른 과학자의 연구 결과를 소개하는 글을 적을 때에는, 여러 매체의 최근 과학 소식을 살펴보는 것에서 시작하고는 했습니다. 소개된 연구 결과가 제 관심을 끌면 해설 기사에서 소개한 원 논문도 함께 읽었습니다. 잘 모르는 분야의 논문을 읽는 것이 힘들 때가 많았지만, 제게는 무척 유익한 시간이었습니다. 혹시 연구 결과를 제대로 설명하지 못한 부분이 있다면, 매체의 소개 기사와 학술지 논문의 문제가 아니라 오롯이 제 능력이 부족했기 때문입니다. 책에 잘못된 부분이 있다면 출판사를 통해 꼭 알려주세요.

현대를 살아가는 우리 모두가 과학에 익숙해져야 하는 이유는 무엇일까요? 과학이 재밌고 아름답기 때문이라는 것이 첫 번째 이유라고 저는 생각해요. 다른 중요한 이유도 있습니다. 세상에서 일어나는 온갖 사건들을 합리적으로 이해해 이성적으로 판단하려면 과학적인 사고방식이 꼭 필요합니다.

부모님이 얼마 전 구입한 게르마늄 팔찌나 여러분이 매일 먹는 비타민 알약이 정말 건강에 도움이 되는지, 백신을 맞으면 위험하다는 주장이 근거가 있는지, 과학이 들려주는 이야기에 귀를 기울이면 스스로 판단할 수 있습니다. 세계 여러 나라의 과학자들과 언론이 큰 관심을 보였던 상온상압 초전도체 소식 기억하시죠? 초전도체 발견의 주장이 얼마나 근거가 있는지도 관련된 과학의 내용을 찾아보시고 여러분 스스로 생각해볼 수 있기를 바랍니다. 이뿐 아닙니다. 최근 일본의 후쿠시마 오염수 방출에 대해서도 여러 의견과 주장들이 있어요. 핵 오염수 방출은 사실 과학만의 문제라고 할 수는 없습니다. 하지만 관련된 과학 지식을 여러분이 갖고 있다면 서로 다른 주장을 저울질해 합리적인 판단을 하는 데 도움이 될 수 있습니다.

이 책은 과학의 눈으로 세상의 온갖 것들을 보고 싶어 하는 사람들을 위한 책입니다. 이 책을 읽은 독자가 책에서 소개한 세세한 과학의 내용보다, 과학이 진행되는 방식과 과정을 기억해주시기를 바랍니다. 그리고 책을 읽고 습득한 방법과 사고방식을 여러분이 마주치는 세상의 많은 것들에 직접 적용해보시면 좋겠어요. 과학의 눈으로 세상을 바라보는 사람이 늘어날수록 더 나은 세상이 앞당겨진다고 믿기 때문입니다.

2023년 9월 김범준

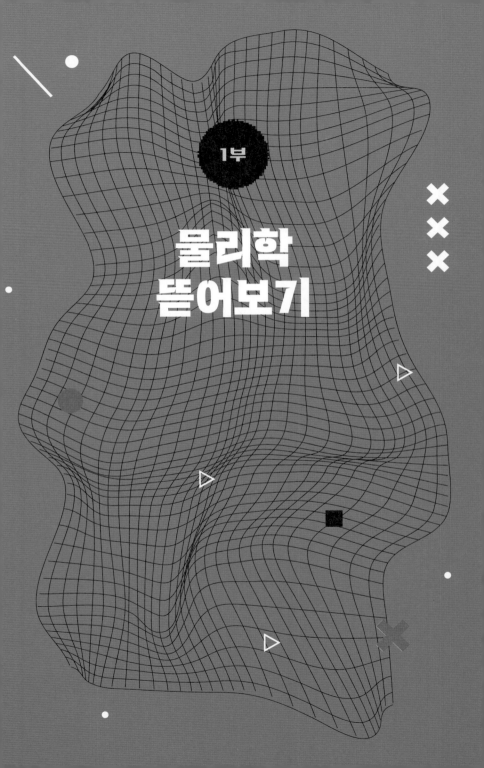

1부

물리학
뜯어보기

존재의 이유

우리는 도대체 왜 존재하는 걸까? 우리 모두가 묻는 성찰적 질문이기도 하지만, 물리학도 같은 질문을 한다. 물론 질문의 결은 좀 다르다. 아무것도 없을 수도 있는데, 도대체 어떻게 이 모든 물질이 존재하게 된 걸까?

댄 브라운의 소설《천사와 악마》에는 유럽입자물리연구소에서 비밀결사 조직이 탈취한 반물질 폭탄이 등장한다. 소설에나 나오는 얘기지, 살면서 반물질로 만들어진 커다란 무언가를 본 사람은 아무도 없다. 아니, 보았어도 보았다고 얘기해줄 생존자는 없다. 접촉하는 순간 우리 몸을 이루는 보통의 물질과 만나 소멸하기 때문이다. 1그램 정도의 적은 분량의 반물질이 물질과 만나 쌍소멸하면서 내어놓는 에너지는 히로시마에 투하된 핵폭탄의 위력 정도가 된다.

반물질은 물질과 만나 에너지로 변하니, 그 반대도 물론 가능하다. 아주 짧은 순간 아무것도 없는 진공에서 물질 입자와 반물질 입자가 쌍으로 생성되고, 곧이어 다시 쌍으로 만나 소멸해 진공으로 돌아가는 과정이 지금도 우리 곁에서 팥죽 끓듯 일어나고 있다. 우주의 처음도 비슷하다. 바로 이런 양자 요동의 효과로 아무것도 없는 무無에서 짧은 순간 생성된 엄청난 에너지가 빅뱅을 일으켰다고 생각하는 물리학자가 많다. 이 엄청난 에너지가 물질과 반물질로 변하면서 우리 우주가 태어났다. 빅뱅 후에는 다시 물질과 반물질이 만나 쌍소멸하며 에너지로 바뀐다. 물질과 반물질이 정확히 같은 양만큼 만들어졌고 이들이 쌍으로 만나 모두 소멸한 완벽히 대칭적인 세상에는, 이 과정을 이기고 살아남은 물질도, 반물질도 없다. 완벽한 우주라면, 이 글을 쓰는 필자도 독자도 없다. 지구도 태양도 없다. 빅뱅으로 시작한 우주에는 아무것도 없을 수도 있었다. 그런데 우리는 도대체 왜 존재하게 된 걸까?

　　우리 존재의 이유는 물질과 반물질이 정확히 대칭적이지 않기 때문이다. 처음 생성된 물질과 반물질은 정확히 같은 양이었던 것으로 믿어진다. 그렇다면 이후의 과정에서 물질과 반물질이 다른 방식으로 행동해야 반물질에 대한 물질의 우위가 가능하다. 바로 우리가 사는 세상에서 실제로 벌어졌어야 하는 일이다. 2020년 4월, 〈네이처〉에 중성미자라는 입자와 그 반입자인 반중성미자가 다르게 행동한다는, 상당히 신빙성 있는 측정 결과가 담긴 논문이 발표되었다(DOI: 10.1038/s41586-020-2177-0). 일본의 토카이^{Tokai}에서 생성된 중성미자와 반중성미자를 약 300킬로미터 떨어진 카미오카^{Kamioka}에서 측정한다는 의미를 담아 T2K라 부르는 국제 공동연구팀의 논문이다.

우주에 빛알(광자) 다음으로 많이 존재하는 중성미자는 미묘한 입자다. 지금도 우리 몸을 통해 1초에 수조 개가 지나치고 있지만, 다른 입자와 상호작용하지 않아 어느 누구도 그 존재를 눈치채지 못한다. 벽을 스르륵 통과하는 유령 같은 입자다. 중성미자를 관찰하기 위해서는 보통 많은 양의 중수를 쓴다. 중성미자는 아주 작은 확률로 중성자와 양성자를 만나 상호작용해 빛을 내는데, 이 빛을 측정해 중성미자를 찾아내는 방식을 이용한다. 모두 전자, 뮤온, 그리고 타우 입자와 관계된 세 종류의 중성미자가 있고, 이들은 출발지에서 목적지로 진행하면서 자연스럽게 다른 종류로 변하게 된다. 토카이에서 뮤온 중성미자와 그 반입자인 뮤온 반중성미자로 출발해서, 카미오카에서 각각 전자 중성미자와 전자 반중성미자로 변하는 과정을 관찰했다.

우리 우주에서 중성미자와 반중성미자가 정확히 똑같게 행동하는 경우 물리학이 예상하는 개수보다 더 많은 전자 중성미자가 카미오카에서 측정되었다. 검출이 워낙 어려워 2009년부터 2018년까지의 긴 시간 동안 관찰된 개수는 모두

100여 개에 불과했지만, 통계적 우연으로는 설명하기 어려운 유의미한 차이였다. 중성미자와 반중성미자가 다르게 행동한다는 이번 결과는 반물질에 대한 물질의 우위를 설명할 수 있는 한 퍼즐조각이 된다. 더 많은 중성미자를 검출해 결과를 확실히 하기 위한 후속 국제 공동연구가 진행되고 있다. 중성미자의 질량은 전자의 50만분의 1보다도 더 작다. 이 광막한 우주, 그 안에서 살아가는 우리 모든 존재의 물리학적 근거가 가장 미약한 입자에 대한 실험에 달렸다.

미래는 이미 결정되어 있을까?

내일 아침 해는 어디서 뜰까? 전혀 가능해 보이지 않았던 일이 일어나면 우리는 "해가 서쪽에서 뜰 일"이라고 말한다. 해가 서쪽에서 뜰 수는 없다고 믿기에 이런 속담도 있는 것이리라. 그런데 내일도 오늘처럼 해가 동쪽에서 뜰 것이라고 우리 모두가 확신하는 근거는 무얼까?

내 삶에서 서쪽에서 뜨는 해를 단 한 번도 보지 못했다는 주관적 경험이 확신의 근거가 될 수 있을까? 매일 아침 종소리에 맞춰 먹이를 먹는 양계장의 닭이 오늘 아침 종소리의 의미도 마찬가지라 믿는 확신과 다를 바 없는 얘기다. 오늘 종소리는 먹이가 아닌 죽음의 신호일 수 있다. 지금까지 존재한 모든 인간의 경험으로 규모를 확장해도 문제는 해결되지 않는다. 경험의 양이 무한대가 아닌 한, 경험은 예측에 개연성을 줄 수 있을 뿐, 확실성을 보장할 수 없다.

물리학을 이용하면 동쪽에서 뜨는 해를 우리가 확신할 수 있는 근거를 어느 정도 찾을 수 있다. 지구의 공전과 자전은 미래가 결정되어 있는 뉴턴 역학의 운동방정식을 따르기 때문이다. 고전역학으로 해가 동쪽에서 뜬다는 사실을 확신할 수 있게 된 것은 다행이지만, 치러야 할 큰 대가가 있었다. 만약 모든 것이 고전역학을 따른다면 우주의 미래는 이미 결정되어 있다. 오늘 집에 갈 때 버스를 탈지 지하철을 탈지는 내 자유로운 선택이 아니다. 버스든 지하철이든, 그렇게 선택하도록 우주가 탄생한 오래전 과거에 이미 정해져 있었다. 이것이 바로 고전역학이 보여주는 결정론의 세상이다. 모든 것은 이미 결정되어 있고, 따라서 자유의지는 없다.

자유의지가 없다는 고전역학의 결정론은 불편할뿐더러, 우리 일상의 경험과도 부합하지 않는다. 우리는 매 순간의 선택으로 분기하는 미래를 눈앞에서 늘 바라보고 있다(고 느낀다). 우리가 늘 체험하는 정해지지 않은 미래와 고전역학이 보여주는 결정된 미래 사이의 관계는 흥미로운 문제다. 20세기 중반 카오스 이론은 결정되어 있어도 예측할 수는 없는 미래를 보여주었다. 물체의 처음 위치가 1.234567과 1.234568처럼 아주 조금만 달라도 미래의 위치는 서울과 부산처럼 엄청나게 다를 수 있다는 것을 알려주었다. 처음 상태를 무한대의 정확도로 파악할 수 없다는 인간의 지적 능력의 한계가 카오스가 보여주는 예측 불가능한 미래의 이유다.

스위스 물리학자 니콜라스 기진이 흥미로운 제안이 담긴 논문을 발표했다(DOI: 10.1103/PhysRevA.100.062107). 무한대의 정확도로 우리가 물리적 성질을 규정할 수 없는 것은 인간의 한계가 아닌 자연의 속성이라는 주장을 담았다. 독자도 한번 생각해보라. 어떻게 정의할지 우리가 모르는 무한 개의 자릿수를 가진 무리수의 개수는 무한대다. 이 중 하나를 내가 종이에 써서 독자에게 전달할 수 있을까? 불가능하다. 정보도 물리적이어서, 유한한 시공간 안에 담을 수 있는 정보는 무한대의 길이로 표현될 수 없다. 1.23456으로 적히는 물리량이 있을 때, 6 다음의 숫자가 7인지 8인지를 우리가 알 수 없다는 인식론적인 주관적 한계가 카오스 이론이 말하는 예측 불가능성의 근원이었다면, 기진은 6 다음의 숫자는 자연이 가진 정보량의 한계 때문에 객관적으로도 아무런 의미가 없다고 주장한다. 정해져 있는데 모르는 것이 아니라, 그 자체가 처음부터 결정되어 있지 않다는 주장이다.

뉴턴의 역학으로 동쪽에서 뜨는 해를 확신할 수 있게 된 것은 큰 축복이었다. 하지만 이면에는 자유의지의 존재를 허락하지 않는 딱딱한 결정론의 세상이 숨어 있었다. 20세기 카오스 이론은, 결정되어 있지만 예측할 수는 없는 미래를 보여주어 약간의 숨통을 틔워주었지만 여전히 문제는 남았다. 미래가 아직 결정되어 있지 않은 것으로 보이는 이유는 인간이 가진 주관적 인식능력의 한계로 보였다. 우리는 몰라서 자유롭다고 느낄 뿐, 진정 자유로운 것은 아니라는 얘기다. 최근의 논의는 다른 얘기다. 미래의 비결정성이 인식론의 문제가 아닌 우주의 존재론적 속성일 가능성에 대한 제안이다. 자유의지는 무지에 기반을 둔 환상이 아니라, 어쩌면 우주의 내재된 속성일 수도 있겠다. 미래는 결정되어 있는 것일까? 다가올 미래의 물리학이 답을 줄 수 있을까?

움직이는 모든 것은
운동량이 있다

추락하는 것 중에는 날개가 없는 것도 있지만, 움직이는 모든 것은 운동량이 있다. '운동의 양'을 줄인 물리학 용어가 '운동량'인데, 물리학의 운동량에는 선운동량과 각운동량, 이렇게 두 종류가 있다. 선운동량은 질량과 속도를 곱한 것이다. 문맥상 혼동의 여지가 별로 없을 때 운동량이라고 하면 보통은 선운동량을 뜻한다. 같은 속도라도 질량이 크면 운동량이 크고, 질량이 같다면 빠를수록 운동량이 더 크다. 머리 위에서 아래로 떨어뜨린 탁구공에 맞으면 안 아프지만 같은 높이에서 떨어뜨린 골프공에 맞으면 아픈 것은, 속도가 같아도 질량이 달라 머리에 맞을 때 골프공의 운동량이 더 크기 때문이다. 빠를수록 운동량이 크니, 아주 빠르게 날아오는 골프공에 맞으면 크게 다칠 수도 있다. 고층 아파트에서 휴지를 물에 적셔 뭉쳐서 떨어뜨리는 아이들 장난이 위험한 이유이기도 하다. 길에서 튄 코딱지만 한 돌멩이가 달리는 자동차 앞유리를 파손하는 것도 다 운동량 때문이다.

내 머리에 맞는 탁구공처럼, 두 물체가 충돌할 때 충돌전후 두 물체의 운동량의 합은 항상 일정하게 보존된다. 이것이 운동량 보존 법칙이다. 에너지 보존 법칙과 함께 물리학에서 가장 중요한 법칙인 운동량 보존 법칙을 가지고 할 수 있는 얘기가 많다. 무거운 차와 가벼운 차가 충돌하면 왜 작은차에 탄 사람이 부상의 위험이 더 큰지, 달에 사람을 실어 나를 수 있는 다단계 로켓의 원리는 무엇인지, 운동량 보존 법칙으로 어렵지 않게 설명할 수 있다. 골프채를 휘두르는 속도보다 골프공이 날아가는 속도가 더 클 수 있는 이유, 야구에서 빠른 직구가 느린 커브보다 홈런을 더 자주 맞는 이유, 내가 친 당구공과 그 공이 맞힌 당구공 사이의 각도가 충돌 후 90도가량이 되는 이유 등등, 운동량 보존 법칙으로 이해할 수 있는 것은 정말 많다.

운동량을 가지고 움직이던 물체가 멈추려면 충격이 필요하다. 충격의 양인 충격량은 충격력과 시간을 곱한 것이어서, 시간이 짧을수록 충격력이 크다. 이것이 바로 자동차 에어백의 원리다. 자동차가 외부의 무언가와 충돌해 갑자기 멈추면 차 안 사람의 몸은 관성으로 인해 자동차가 움직이던 방향으로 계속 움직이려는 경향을 띠게 된다. 안전벨트가 없다면 몸이 자동차 앞유리를 뚫고 차 밖으로 내동댕이쳐져 사망에 이르기도 한다. 안전벨트를 하더라도 운전석 핸들에 머리를 부딪쳐 다칠 수도 있다. 사람의 몸이 멈출 때까지의 시간을 늘려주어 사람 몸에 작용하는 충격력을 줄여주는 것이 바로 에어백이 하는 역할이다. 상대 선수와 부딪쳐 넘어지는 축구선수가 몸을 구부려 앞으로 구르다 멈추는 것도, 날아오는 야구공을 잡을 때 맨손이 아니라 글러브를 이용하는 것도, 권투 선수의 푹신한 글러브의 역할도 마찬가지다. 손가락의 푹신한 안쪽이 아닌 딱딱한 바깥쪽 손가락뼈로 꿀밤을 때려야 제격인 것도 충격량으로 설명할 수 있다. 비행기가 착륙할 때, 천천히 속도를 줄여 멈추는 연착륙이 더 안전한 이유도 마찬가지다. 위치가 바뀌며 움직이는 모든 물체는 (선)운동량을 갖고, 멈추려면 충격량이 필요하다. 움직이는 모든 것을 이해하는 데는 물리학이 필요하다.

제자리에서 돌고 있는 팽이는 선운동량은 없어도 각운동량은 있다. 경기 중 제자리에서 빠른 속도로 회전하는 피겨 스케이팅 선수, 날개를 회전시켜 위로 날아오르는 드론 등, 돌고 있는 모든 것은 하나같이 각운동량이 있다. 제자리에서 돌고 있는 팽이가 점점 회전속도가 느려지고 있다. 팽이를 다시 빨리 돌게 하려면 팽이채를 이용한다. 휘두른 야구방망이가 야구공에 힘을 작용해 야구공의 운동량을 변화시키듯, 휘두른 팽이채는 돌림힘[*]을 작용해 팽이의 각운동량을 변화시킨다. 팽이의 회전 방향에 잘 맞춰 휘두른 팽이채는 각운동량을 증가시켜 팽이를 더 빨리 돌게 하지만, 반대 방향으로 휘두르면 팽이채에 맞은 팽이는 오히려 각운동량이 감소해 회전속도가 느려진다. 돌고 있는 팽이를 가만히 두면 결국 멈추는 이유도 바닥과의 마찰력이 만들어내는 반대 방향의 돌림힘 때문이다. 마찰력에 의한 반대 방향의 돌림힘이 팽이의 회전 속도를 줄인다. 외부에서 가해지는 힘이 없다면 운동량은 보존되고 물체는 같은 속도로 계속 움직인다. 바로 질량이 있는 물체가 가진 관성의 효과다. 마찬가지다. 아무런 돌림힘이 없다면 돌고 있는 물체의 각운동량은 보존되고 회전속도도 일정하게 유지된다. 돌림힘이 없다면 돌고 있는 팽이는 영원히 돈다. 일종의 관성의 효과다. 회전운동에서 관성의 효과는 관성모멘트[**]로

●   토크(torque)라고도 하는 돌림힘은 물체의 회전속도를 변화시킨다. 문손잡이를 손으로 잡고 돌릴 때, 자전거 페달을 밟아 바퀴를 돌릴 때, 우리는 돌림힘을 이용해 물체의 회전을 만든다. 힘이 물체의 속도를 바꿔 운동량을 변화시키듯, 돌림힘은 물체의 회전속도를 바꿔 각운동량을 변화시킨다.

●●   무겁고 큰 원반은 가볍고 작은 원반보다 돌리기 어렵다. 질량이 큰 물체를 힘으로 밀 때 물체가 움직이지 않으려고 버티는 것이 관성이라면, 돌림힘으로 무겁고 큰 원반을 회전시키려 할 때 원반이 돌지 않으려 버티는 것이 회전관성이다. 관성의 크기는 질량으로, 회전관성의 크기는 관성모멘트로 나타낼 수 있다. 무겁고 큰 원반이 회전관성이 커서 회전시키기 어렵다는 것에서 알 수 있듯, 관성모멘트는 물체의 질량과 크기가 클수록 더 커진다. 같은 질량이어도 짧고 굵은 물체가 가늘고 긴 물체보다 돌리기 쉽다. 회전의

잴 수 있다. 움직이는 물체의 운동량(p)이 질량(m)과 속도(v)의 곱($p=mv$)으로 정의되듯이, 회전하는 물체의 각운동량(L)은 관성모멘트(I)와 회전속도(w)의 곱으로 정의된다($L=Iw$).

피겨스케이팅 선수의 연기 동영상을 유심히 보라. 두 손을 가슴 한가운데에 모으면 회전이 빨라지고, 두 팔을 양쪽으로 멀리 뻗으면 회전이 느려진다. 회전의 중심축에 가까운 가슴 부근에 팔을 모았다가 옆으로 뻗는 과정에서 관성모멘트는 늘어난다. 관성모멘트(I)가 늘어나도 각운동량(L)이 크게 변화하지 않으려면 회전속도(w)가 줄어야 한다($L=Iw$라서, I가 늘어도 L이 그대로라면 w가 줄어들 수밖에 없다). 피겨스케이팅 선수는 몸의 관성모멘트를 팔을 모으고 뻗는 동작으로 변화시켜 회전속도를 자유자재로 조절한다.

날개가 하나뿐인 드론은 없다. 날개가 하나라면, 회전으로 발생하는 날개의 각운동량이 드론 몸체의 반대 방향 회전으로 상쇄되어야 하기 때문이다. 날고 있는 드론의 몸체가 날개의 회전 반대 방향으로 빙빙 돌지 않고 일정한 자세를 유지하려면, 서로 반대 방향으로 회전하는 날개를 짝수 개 설치하는 것이 필요하다. 대부분의 드론이 4개의 회전날개를 갖는 이유다. 자세히 관찰하면, 둘씩 짝을 이뤄 날개의 회전 방향이 반대임을 볼 수 있다.

중심축에서 더 멀리 질량이 분포할수록 관성모멘트가 더 크기 때문이다.

움직이며 도는 모든 것은 선운동량과 각운동량이 있다. 움직이는 모든 것, 돌고 있는 모든 것을 이해하는 데도 물리학이 필요하다.

시간의 크리스털

'크리스털crystal'이라는 말을 들으면 떠오르는 모습이 있다. 손톱으로 튕기면 맑은 소리가 나는 크리스털 유리잔, 그리고 수정이나 다이아몬드처럼 반짝반짝 투명한 아름다운 보석이 떠오른다. '크리스털'의 우리말 번역은 '결정結晶'이다. 물리학에서 결정은 구성 입자들이 공간 안에서 규칙적으로 배열되어 있는 것을 뜻한다. 일상에서 크리스털이라고 부르지 않지만 우리가 볼 수 있는 대부분의 금속은 투명하지 않아도 실제로는 결정이다. 내부의 원자들이 규칙적으로 늘어서 있다. 수정과 금속은 둘 다 결정이지만, 각각을 구성하는 원자는 종류가 다르다. 금속을 이루는 원자 하나가 가진 여러 개의 전자 중에는 원자핵으로부터 더 먼 거리에 있는 것들이 있다. 가까운 거리에 있는 전자들은 원자핵에 꽉 묶여 있어 마음대로 움직일 수 없지만, 금속 원자 바깥쪽 전자들은 상대적으로 원자핵에 속박되어 있는 정도가 약하다.

원자들이 금속 결정 안에서 규칙적으로 늘어서 있으면 원자핵에 약하게 속박되어 있는 전자 하나는 한 점이 아니라 공간에 넓게 펼쳐진 모습의 양자역학 파동함수를 갖는다는 것을 보일 수 있다. 파동함수의 진폭의 제곱이 전자가 그곳에 있을 확률에 해당한다는 양자역학 이론에 따르면, 이 전자는 금속 안 어디에나 자유롭게 있을 수 있다는 의미다. 당연히 이처럼 넓게 펼쳐진 전자들이 많이 있는 금속은 전류를 쉽게 흘리게 된다. 많은 금속이 전류가 잘 흘러 저항이 작은 도체가 되는 것은 금속의 규칙적인 결정구조 덕분이다. 작은 전압을 걸어주어도 금속 안 많은 전자가 쉽게 움직여 금속의 전기 저항을 아주 작게 만든다.

눈앞에 있는 고체가 전기가 잘 통하는 도체인지 저항이 큰 부도체인지를 쉽게 알 수 있는 재밌는 방법이 있다. 도체 안의 많은 자유전자는 전류가 잘 흐르게 할 뿐 아니라 열도 쉽게 잘 전달한다는 것을 이용하는 방법이다. 실내 온도가 20도인 방 안에서 그 고체를 손가락으로 만져보자. 고체 안 자유전자가 많다면 36.5도로 체온이 방 안 기온보다 높은 내 손가락에서 고체 쪽으로 열이 쉽게 전달되어 손가락 온도가 빨리 내려간다. 즉, 손가락으로 건드려보니 차갑게 느껴졌다면 십중팔구 도체다. 같은 방에서도 나무 책상보다 철제 선반이 더 차갑게 느껴지는 이유다. 건전지를 연결해서 저항 값을 측정하지 않아도 이렇게 손가락으로 살짝 만져서 도체인지 아닌지 판단할 수 있다.

전기적인 도체가 가진 재밌는 성질은 더 있다. 도체는 말 그대로 그 안의 전자가 쉽게 움직일 수 있는 물질이다. 이를 이용하면 도체 안에서는 전기장이 0이라는 것을 아주 쉽게 증명할 수 있다. 만약 도체 안 어디에선가 전기장이 0이 아닌 곳이 있다고 가정해보자. 전자가 전기장 안에 있으면 전기력이 작용해서 현재의 위치를 떠나 다른 곳으로 움직이게 된다. 결국 시간이 지나서 모든 전자의 움직임이 멈춘 평형상태에 도달하면, 도체 안 어디에서나 전기장이 0이어야 한다. 만약 0이 아니라면 조금 더 기다리시라. 결국 모든 전자의 움직임이 멈추고, 그때 도체 안 어디서나 전기장은 0이 된다.

도체 밖에 크기가 0이 아닌 전기장이 존재해도, 도체 안 전기장은 어디서나 0일 수밖에 없다. 결국, 도체 밖의 전기장이 도체 안으로 들어가지 못한다는 얘기다. 전기장과 자기장이 얽혀 서로 상대를 유도하면서 진행하는 파동이 전자기파다. 도체 밖 전기장이 도체 안으로 들어올 수 없으니, 도체 밖 전자기파가 도체 안으로 들어올 수도 없다. 빛도 전자기파의 일종이어서, 금속 밖 빛은 금속의 표면을 뚫고 안으로 들어가지 못하고 금속의 표면에서 반사된다. 금속이 우리 눈에 불투명해 보이고, 외부의 조명 빛에 반짝반짝 빛나는 이유도 바로 금속 안에 자유롭게 움직일 수 있는 자유전자가 많기 때문이다. 금속으로 둘러싸인 엘리베이터 안에서 휴대폰 통화가 잘 안 되는 것도 마찬가지다. 휴대폰 통신에 이용하는 전자기파는 엘리베이터의 바깥을 빙 두르고 있는 금속물질을 뚫고 안으로 들어오지 못한다.

얼굴 한가운데를 세로 방향으로 가로지르는 축을 생각하면, 사람의 얼굴은 왼쪽과 오른쪽이 거의 같은 모습이다. 이럴 때 우리는 사람의 얼굴이 좌우대칭이라고 말한다. 가운데 세로축을 기준으로 얼굴의 왼쪽 절반은 오른쪽으로, 오른쪽 절반은 왼쪽으로 뒤집어도 얼굴 모습은 거의 바뀌지 않는다. 이처럼 어떤 변화를 일으켰는데 결과에 아무런 변화가 없는 것이 바로 물리학에서 이야기하는 '대칭성'의 개념이다. 사람의 몸은 좌우를 뒤집어도 차이가 없어서 좌우대칭성을 갖지만, 위와 아래를 뒤집으면 당연히 모습이 완전히 달라져서 상하대칭성은 없다. 물리학에서 대칭성은 얼굴의 좌우대칭처럼 우리가 눈으로 직접 볼 수 있는 것보다 훨씬 더 넓은 의미를 가진다. 무언가를 했는데 아무 변화가 없는 것이 대칭인데, '무언가를 했는데'의 '무언가'로 여러 다양한 것들을 생각한다.

빈 공간 안에 딱 입자 하나가 있다고 가정해보자. 이 입자는 상호작용할 아무런 다른 입자가 없고, 따라서 공간 안 어디에나 있을 수 있다. 현재 입자의 위치에서 옆으로 1밀리미터 옮겨진 위치든 1센티미터 옮겨진 위치든, 바로 이곳이 아

닌 그 옆 저곳에는 입자가 있을 수 없다는 물리법칙이 존재할
리 없다. 이럴 때 물리학에서는 이 시스템이 공간 옮김 대칭성
이 있다고 말한다. 옮겨도 달라질 것이 없다는 뜻이다. 물리학
의 근본법칙에는 공간 옮김 대칭성이 있다. 하지만 실제로 우
리가 보는 세상은 공간 옮김 대칭성이 성립하지 않는다. 물리
법칙은 내가 이곳에 있든 저곳에 있든 모든 장소를 내게 허락
하지만, 어쨌든 나는 바로 지금 이곳에 있지 저곳에 있지 않
다. 물리학의 근본 법칙에는 공간 옮김 대칭성이 있지만, 현실
에 구현된 나의 존재는 공간 옮김 대칭성이 저절로 깨졌기에
가능하다.

　　원자들이 규칙적으로 배열되어 결정구조를 갖는다는 것
의 의미를 공간 옮김 대칭성으로 생각해보자. 옆으로 특정 거
리를 움직일 때마다, 그곳에 원자가 하나씩 있는 모습인 결정
구조 안에서는 공간 옮김 대칭성이 독특한 방식으로 존재한
다. 결정 안 원자 사이의 거리가 a라면, 딱 a만큼 옮기면 전체
결정 구조가 처음의 결정 구조와 완전히 겹치게 된다. 결정은
띄엄띄엄discrete하게 불연속적인 공간 옮김 대칭성을 가진다
고 할 수 있다. a의 거리만큼 옮기는 공간 옮김에 대해서는 대
칭성이 있지만, a/2, a/10 등등, 다른 거리를 옮기는 공간 옮김
에는 대칭성이 없다. 공간 결정에서는 연속적인 공간 옮김 대
칭성은 깨져 있지만 불연속적인 공간 옮김 대칭성이 존재한다.

　　20세기 초, 아인슈타인의 상대론으로 시간과 공간이 서

로 연결되어 있다는 것이 알려지게 된다. 현대 물리학은 시간과 공간을 독립적인 것으로 보지 않는다. 상대론 이전의 물리학에서는 3차원의 공간과, 이와는 별도로 1차원의 시간을 이야기했다면, 현대의 물리학은 둘을 아울러 4차원 시공간을 말한다. 여기서 재밌는 상상을 한 사람이 바로 노벨 물리학상을 받은 프랭크 윌첵이다. 시간을 공간처럼 생각할 수 있는 상대론으로 미루어 생각해보자. 우리가 눈으로 볼 수 있는 고체 금속이 공간에 구현된 결정이라면, 시간에 구현된 결정을 생각해볼 수 있지 않을까? 앞에서 설명한 것처럼 무언가가 공간축을 따라 규칙적으로 배열된 것이 공간 결정이라면, 시간 결정은 어떤 무언가가 시간 축을 따라 규칙적으로 배열된 것으로 생각할 수 있다. 고체 금속 안 한 원자에서 출발해 특정 거리 a만큼 공간 축을 따라 진행할 때마다 우리가 다른 원자를 하나씩 볼 수 있는 것처럼, 시간 결정 안에서는 특정 시간 t가 진행할 때마다 어떤 무언가가 정확히 같은 방식으로 다시 등장하게 된다. 시간 결정에서는 연속적인 시간 옮김 대칭성은 깨져 있고, 대신 불연속적인 시간 옮김 대칭성이 존재한다.

우리가 눈으로 보는 공간 결정이 다른 모습이 아닌 바로 그 모습의 결정이 되는 이유는, 원자들이 바로 그렇게 규칙적으로 배열할 때 전체의 에너지가 가장 낮기 때문이다. 우리가 익숙한 공간 결정을 계속 그대로 유지하기 위해서 추가로 필요한 에너지는 없다. 그냥 온도를 낮춰가면 공간 결정이 되고,

이후에는 내버려둬도 공간 결정이 유지된다. 1분의 시간이 지나면 정확히 같은 위치로 돌아오는 벽시계의 초침은 특정 시간이 지날 때마다 다시 제자리로 돌아온다. 하지만 시간 결정이라고 할 수는 없다. 건전지를 연결하든, 태엽을 감든, 우리가 에너지를 끊임없이 공급해야 하기 때문이다. 아무런 에너지의 유입 없이도 같은 상태가 일정한 시간이 흐르면 다시 규칙적으로 반복되는 시간 결정은 가능한 것일까?

양자역학 시스템에서 시간 결정을 구현했다는 물리학 이론/실험 연구가 연이어 보고되고 있다. 2021년 출판된, 구글의 양자컴퓨터를 이용한 한 연구에서는 20개의 초전도 큐빗qubit으로 특정 유형의 양자 상태를 구현하고는 레이저를 이용해 주기적으로 구동했다. 무려 100번 이상 똑같은 양자 상태가 시간에 따라 규칙적으로 다시 반복되는 것을 실험으로 관찰했다. 우리가 이용하는 일상의 시계와는 달리, 실험에 이용한 레이저가 공급한 에너지의 총합이 0인데도 말이다.

아인슈타인의 특수 상대론과 일반 상대론이 탄생할 때, 그로부터 약 100년 뒤 우리 휴대폰 내비게이션에 두 이론이 이용될 것으로 짐작할 수 있는 사람은 단연 아무도 없었다. 그와 마찬가지다. 시간의 결정, 시간의 크리스털이 우리 곁에 다가올 먼 미래의 반짝이는 멋진 모습이 무척 궁금하다. 현실에서의 이용가치가 적을 수도 있지만, 그래도 내게는 시간 크리스털의 아이디어가 이미 무척이나 아름답다.

양자컴퓨터를 쓰는 법

100원짜리 동전에는 이순신 장군 모습이 보이는 앞면과, 숫자 100이 적힌 뒷면이 있다. 우리가 눈으로 볼 수 있는 동전은 앞면과 뒷면의 두 상태가 가능하고, 동전은 둘 중 하나의 상태에 있다. 앞면이면서 동시에 뒷면일 수는 없다.

양자역학을 따르는 시스템은 다르다. 동전의 앞면, 뒷면처럼 전자의 스핀도 위와 아래, 두 방향을 가리킬 수 있다. 스핀의 방향이 위인 경우의 양자 상태를 $|1\rangle$, 아래인 경우의 양자 상태를 $|0\rangle$으로 표시하면, 전자의 스핀은 동전처럼 $|1\rangle$의 상태, 그리고 $|0\rangle$의 상태에 있을 수도 있지만, 두 상태가 중첩된 $a|1\rangle+b|0\rangle$의 상태도 가능하다. 두 상태가 이렇게 함께 중첩된 상태는 고전역학의 세상에서는 볼 수 없다. 만약 양자역학을 따르는 동전이 있다면, 이 동전의 상태는 앞면이면서 동

시에 뒷면일 수 있다. 양자역학의 세상은 중첩된 상태의 세상이다.

전자가 하나가 아니라 둘이라면 어떨까? 첫 번째 전자의 스핀과 두 번째 전자의 스핀을 순서대로 나란히 적으면, 두 전자가 가질 수 있는 상태는 $|11\rangle$, $|10\rangle$, $|01\rangle$, $|00\rangle$로 모두 넷이 있다. 물론 이 네 상태가 임의로 중첩된 양자 상태인 $a|11\rangle + b|10\rangle + c|01\rangle + d|00\rangle$도 가능하다. 가능한 여러 상태 중, 예를 들어 $|10\rangle + |01\rangle$을 생각해보자. 만약 두 전자가 바로 이 상태에 있다면 어떤 일이 생길까? 첫 번째 항 $|10\rangle$은 첫 번째 전자의 스핀이 위 방향(1), 두 번째 전자의 스핀이 아래 방향(0)인 상태이고, 두 번째 항 $|01\rangle$은 거꾸로 첫 번째 전자의 스핀이 아래 방향(0), 두 번째 전자의 스핀이 위 방향(1)인 상태다. 만약 두 전자가 $|10\rangle + |01\rangle$의 상태에 있다면 위와 아래, 아래와 위처럼 두 전자의 스핀이 반대 방향을 가리켜야 한다는 것은 정해져 있지만, 첫 번째 전자의 스핀이 위인지 아래인지는 딱 하나로 정해져 있지 않아 측정해야 알 수 있다.

두 전자가 $|10\rangle + |01\rangle$의 상태에 있도록 잘 준비한 다음에 첫 번째 전자는 이곳 지구에 두고, 두 번째 전자는 저 멀리 안드로메다은하에 보냈다고 하자. 지구에 있는 첫 번째 전자의 스핀이 위인지 아래인지를 측정해서 만약 위 방향이라는 것을 지금 알아내면, 안드로메다은하에 있는 두 번째 전자의 스핀이 아래 방향이라는 것을 동시에 알게 된다. 두 전자의

스핀 상태가 서로 얽혀 있어서 하나를 알면 멀리 떨어진 다른 하나를 알 수 있는, 기묘하고 신기한 양자 얽힘의 결과다. 조심할 것이 있다. 양자 얽힘은 여러 번 실험으로 확인된 명확한 현상이지만, 양자 얽힘을 이용해서 빛보다 빠른 속도로 정보를 전달할 수 있는 것은 아니다. 위의 사고실험에서 첫 번째 전자의 스핀을 지구에서 측정해 '위 방향'이라는 결과를 얻는 순간 $|10\rangle + |01\rangle$의 상태가 $|10\rangle$의 상태로 변하게 된다. 두 전자의 정보가 얽혀 있던 양자 상태가 측정에 의해서 얽힘이라는 특성을 잃어버린다. 안드로메다은하에 있는 두 번째 전자의 스핀이 아래 방향이라는 것은 이 순간 알 수 있지만, 이후에는 아무리 지구에서 전자의 스핀을 바꿔도 안드로메다은하에 있는 전자의 스핀에 영향을 줄 수 없다. 여기서 측정해서 저 먼 곳의 정보를 순간적으로 알아냈다고 해서, 이곳의 정보를 저 먼 곳에 전달할 수 있다는 뜻은 아니다. 아무리 양자역학의 세상이 기묘해도 빛보다 빠른 속도로 정보를 전달할 수는 없다.

양자역학의 원리에 따라 작동하는 컴퓨터가 바로 양자컴퓨터다. 우리가 현재 널리 이용하고 있는 컴퓨터에 비해서 양자컴퓨터가 훨씬 더 빠르게 작동할 수 있는 이유가 바로 양자 상태의 중첩 덕분이다. 여럿을 중첩시켜 하나로 만들고, 이렇게 만들어진 양자 상태에 양자역학에 기반한 연산을 하면, 이 연산은 중첩시키기 이전의 각각의 양자 상태에 동시에 병

렬연산으로 작용한다. 예를 들어, 행렬에 벡터를 곱하는 연산을 할 때, 각각의 성분으로 나눠 따로따로 계산해 나중에 함께 모아 적는 것이 고전컴퓨터의 작동방식이라면, 벡터 전체에 한 번에 연산을 수행하는 것이 양자컴퓨터의 작동방식이라고 할 수 있다. 이처럼 양자컴퓨터가 할 수 있는 일은 고전컴퓨터도 할 수 있다. 단지 고전컴퓨터로는 시간이 훨씬 더 오래 걸릴 수 있을 뿐이다.

양자 상태는 정말 불안정하다. 외부와의 상호작용이 있다면 아주 빠른 시간 안에 그 고유한 특성을 쉽게 잃어버린다. 게다가 양자 상태가 어떻게 변할지 미리 알기도 어렵다. 결국 시간이 지나면서 양자 상태에 오류가 생기게 된다. 양자오류에 대응하는 가장 좋은 방법은 물론 아예 이런 오류가 만들어지지 않도록 하는 것이겠지만, 만들어진 오류를 양자컴퓨터 내에서 그때그때 교정하는 것도 중요하다. 현재 양자컴퓨터의 발전을 가로막고 있는 가장 큰 문제가 바로 이 양자오류 교정quantum error correction의 문제다.

우리가 늘 이용하고 있는 고전컴퓨터에서는 0과 1의 두 상태를 가질 수 있는 정보의 단위를 비트라고 하고, 양자컴퓨터에서는 이를 '양자 비트quantum bit'의 의미로 '큐빗qubit'이라고 부른다. 앞에서 예로 든, $|0\rangle$과 $|1\rangle$의 두 양자 상태를 가질 수 있는 스핀 한 개가 큐빗 하나에 대응한다. 초전도체를 이용한 127개의 큐빗으로 구성된 IBM 양자컴퓨터로 양자현상을

연구한 논문(DOI: 10.1038/s41586-023-06096-3)이 2023년 6월에 출판되었다. 양자오류 교정의 문제가 궁극적으로 해결되지 않은 지금의 양자컴퓨터도 일부 문제에 대해서 고전컴퓨터를 훌쩍 뛰어넘는 계산 능력을 보여줄 수 있다는 결과가 담겨 있다.

논문에서는 통계물리학의 2차원 양자 이징 모형quantum Ising model의 시간에 따른 양자 상태 변화를 연구했다. 양자오류의 문제를 해결한 방법이 재밌다. 없앨 수 없다면 오류를 이용하자는 아이디어다. 양자컴퓨터를 이용해서 여러 다양한 크기의 양자오류가 있을 때의 결과를 얻고, 이를 모아서 양자오류가 0으로 접근하는 극한에서의 결과를 추정했다. 고전컴퓨터로는 너무 긴 시간이 걸려서 얻기 어려운 결과를 이 방법을 이용한 양자컴퓨터 계산으로는 짧은 시간 안에 얻을 수 있다는 것을 보인 논문이다. 2019년 구글은 고전적인 방식으로 작동하는 슈퍼컴퓨터로는 1만 년이 걸릴 계산을 구글의 양자컴퓨터로는 단 3분 20초 만에 할 수 있다는 결과를 발표했다. 양자컴퓨터가 고전컴퓨터를 크게 추월하는 양자우월성quantum supremacy이 드디어 시작되었다고 구글이 주장한 셈이다. 이후, 프로그램을 잘 작성하면 고전적인 슈퍼컴퓨터로도 같은 계산을 1만 년이 아닌 5분 안에 할 수 있다는 결과도 발표되었으니, 양자우월성 주장은 아직 시기상조로 보인다. 이번에 출판된 IBM 연구진의 논문 제목 "Evidence for the utility of

quantum computing before fault tolerance"에도 '양자우월성'
이라는 단어가 없다. 양자오류 교정의 문제가 궁극적으로 해
결되어야 진정한 양자우월성의 세상이 시작될 것은 거의 분
명해 보인다. 하지만 그 시점이 도래하기 전에도 얼마든지 우
리가 양자컴퓨터를 유용하게 이용할 수 있다는 것을 보인 멋
진 연구다.

양산을 쓴 얼음기둥

신비로운 형상들이 자연에 많다. 빙하 지역에는 몇 미터 높이의 얼음기둥 위에 큰 바위가 턱 올라서 있는 빙하 탁자^{glacier} ^{table}가 있다. 또 캐나다 드럼헬러 지역에는 흐르는 빗물이 깎아 만든 신기한 모습의 기암인 후두^{hoodoos}도 있다. 누군가가 기둥 위에 바위를 조심조심 중심 잡아 올려놓은 것이 아니다. 시간의 힘으로 자연이 스스로 빚어낸 멋진 모습들이다.

러시아의 바이칼 호수에서 간혹 발견되는 '바이칼 젠 $^{Baikal\ Zen}$'이라 불리는 신기한 모습도 있다. 얼어붙은 호수면 위, 좁은 얼음기둥 위에 돌이 아슬아슬하게 중심을 잡고 있는 모습이다. 영어 'Zen'은 한자로 '선禪'이다. 바이칼 젠을 보면 자세를 흐트리지 않고 깊은 명상에 잠긴 선승禪僧의 모습이 떠오른다. 신비로운 바이칼 젠은 과연 어떤 원리로 만들어지는

GLACIER TABLES.

빙하 탁자.
사진 출처: wikimedia commons.

드럼헬러 후두.
사진 제공: 김범준.

것일까?

소개할 논문(DOI: 10.1073/pnas.2109107118)에서 두 물리학자 니콜라 타베클레와 니콜라 플리옹은 바이칼 젠의 형성에 어떤 물리적 과정이 중요한 영향을 미치는지 연구했다. 2021년 내가 출연한 한 방송 프로그램에서도 바이칼 젠을 다루기도 했다. 사방에서 불어오는 바람에 의한 침식과 승화, 그리고 밤사이 생긴 서리가 아침 햇살에 녹아 아래로 물방울이 떨어져 얼음을 녹이는 것, 이렇게 두 가설을 주변 물리학자와 함께 생각해본 기억이 있다. 바이칼 젠의 형성에 대한 가설이 과거에도 여럿 제안되었다고 한다. 이 중 가장 합리적인 형성 원인을 처음 명확히 밝힌 것이 이 글에서 소개할 논문이다.

바이칼 젠을 만들어내기 위한 가장 중요한 물리적 과정은 어떤 것일까? 논문의 두 저자는 이 질문에 대한 답을 체계적인 방식으로, 실험과 수치 계산을 함께 이용해 찾아간다. 만약 주변 공기의 흐름이 없어도 바이칼 젠이 만들어진다면 바람에 의한 침식과 승화는 중요하지 않다는 결론을 얻을 수 있다. 만약 돌 대신 열전도율이 상당히 큰 금속을 덮개로 이용하면 어떨까? 햇볕 등 외부의 복사열로 덮개의 온도가 조금 올라도 짧은 시간 안에 그 열이 아래로 전달되니 덮개와 얼음기둥의 온도차는 순식간에 사라지게 된다. 열전도율이 큰 금속 덮개를 이용해도 바이칼 젠이 만들어진다면 덮개와 얼음의 온도차가 형성 원인일 수 없다.

바이칼 젠.
사진 출처: Shutterstock.

　　처음 바이칼 젠의 모습을 보았을 때 궁금한 것이 있었
다. 만약 하늘에서 쏟아지는 햇빛으로 얼음이 승화해 바이칼
젠이 만들어지는 것이라면, 왜 돌 아래 얼음기둥의 단면은 동
서남북 어느 방향에서 봐도 똑같이 대칭적인 원 모양일까? 해
가 떠 있는 남쪽 방향과 해가 없는 북쪽 방향의 얼음기둥의
모습이 달라야 하지 않을까? 앞으로 소개할 논문에 이 질문에
대한 설명이 나온다. 바이칼 호수에서는, 직사광선의 형태로
직접 빙판에 내리쬐어 햇빛이 전달하는 복사에너지보다 겨
울 하늘에 떠 있는 구름에서 여기저기로 산란된 햇빛의 형태
로 전달되는 복사에너지의 총량이 더 크다고 한다. 하늘 위 구
름에서 산란한 빛은 온갖 방향에서 바이칼 젠에 입사한다. 돌

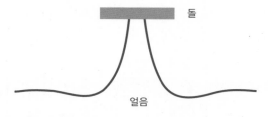

돌

얼음

바이칼 젠을 옆에서 본 모습.

아래 얼음기둥의 단면이 원의 모습으로 대칭적일 수 있는 이유다.

논문 저자들은 먼저, 동결건조기 안에 평평한 얼음을 넣고 그 위에 열전도율이 큰 금속 원반을 올렸다. 동결건조기 안 공기를 제거해 거의 진공상태로 만들고, 건조기 몸체의 온도는 실온으로 두어 그 안 얼음의 온도보다 높게 유지했다. 구름에서 산란해 얼음으로 입사하는 태양광은 실험에서 어떻게 구현할 수 있을까? 모든 물체는 온도에 따라 각각 다른 파장의 전자기파를 낸다. 바로 물리학의 흑체복사 blackbody radiation다. 적외선 카메라로 체온을 재서 발열 검사를 할 수 있는 이유이기도 하다. 동결건조기 몸체의 온도가 내부 얼음보다 더 높아서, 적외선 영역의 전자기파가 건조기의 안쪽 벽에서 얼음을 향해 여러 방향에서 입사해 복사에너지를 얼음에 전달한다. 현실 바이칼 호수의 구름에서 산란해 여러 방향에서 입사하는 복사에너지에 해당한다. 전달된 복사에너지는 얼음 표면에 있는 물 분자의 운동에너지를 크게 하고, 이렇게 더 빨리 움직이게 된 물 분자는 얼음에서 벗어나 건조기 안 공간으로 뛰쳐나간다. 바로 고체 상태에서 중간의 액체 상태를 거치지 않고 직접 기체 상태로 변하는, 승화sublimation 과정이다.

이 실험장치를 통해 구현된 상황을 정리해보자. 안에 공기가 없으니 바람의 효과를 제외할 수 있다. 또 덮개돌로 열전도율이 높은 금속 원반을 이용했으니, 덮개와 얼음 사이의 열전달의 효과도 배제할 수 있다. 따라서 여러 방향에서 쏟아지는 복사광이 일으키는 얼음의 승화 과정의 효과만을 이 실험장치로 살펴볼 수 있게 된다. 논문 저자들은 이 실험장치를 이용해 바이칼 젠의 모습이 만들어지는 것을 멋지게 재현했다. 다음 그림에서 보듯이, 처음 얼음 위에 가만히 올려둔 금속 원반은 제자리에 그대로 있고, 계속되는 복사가 만들어내는 승화 과정을 통해 얼음판 전체의 높이가 낮아진다. 하지만 금속 원반 바로 아래의 얼음은 승화하지 않아서, 조금씩 길어지는 얼음기둥이 만들어지게 된다.

결국 바이칼 젠을 만들어내는 것은 단순한 우산 효과라

바이칼 젠 형성 실험.

는 결론이다. 태양에서 지구로 입사한 빛은 구름과 대기 중의 여러 분자와 만나 온갖 방향으로 산란한다. 덮개 위 하늘의 여러 방향에서 입사한 빛의 에너지로 호수 위 빙판의 승화가 느리게 일어나, 하루에 약 2밀리미터씩 그 두께가 줄어든다. 덮개돌은 햇볕을 피하기 위해 우리가 여름날 쓰는 양산처럼 작용한다. 덮개돌 바로 아래에는 하늘에서 쏟아지는 햇빛의 산란광이 도달하지 못해 얼음이 승화해 줄어드는 양이 적다. 바이칼 젠 돌 아래의 얼음기둥은 위로 자라나는 것이 아니다. 빙판의 얼음 전체가 승화 과정으로 아래로 조금씩 내려앉는 한편, 덮개돌은 바로 아래에 그늘을 드리워 얼음기둥의 승화를 늦춘다.

바이칼 젠 사진을 다시 보자. 덮개돌 아래의 빙판이 판판하지 않고 돌 아래 근처가 오목하게 파인 것이 보인다. 지금 소개하는 논문에는 오목하게 파인 모습에 대한 설명도 들어 있다. 여름날 양산을 들면 그늘이 생겨 조금 서늘해지지만 양산은 뜨거워진다. 양산으로부터 후끈후끈한 복사광이 나오는 것을 쉽게 느낄 수 있다. 같은 이유로 바이칼 젠에서도 양산의 역할을 한 덮개돌에서 적외선 영역의 복사광이 흑체복사로 다시 생성되어 덮개돌 아래쪽 빙판에 승화를 일으킨다. 바이칼 젠의 사진들을 찾아보면 이렇게 빙판이 오목하게 파인 부분이 덮개돌 모습을 닮은 것을 볼 수 있다. 이로부터 이 부분의 승화를 일으킨 복사광의 원천이 하늘이 아니라 덮개돌이라는 것을 알 수 있다. 덮개돌을 양산 삼아 하늘을 가린 얼음기둥이 바이칼 젠이라면, 햇볕으로 뜨거워진 양산의 복사광이 발아래 얼음을 살짝 녹인 셈이다.

지금 소개한 논문의 결과를 요약해보자. 바이칼 젠의 얼음기둥은 덮개돌이 드리운 그늘에서 승화가 느리게 진행되기 때문에 형성된다. 바이칼 젠은 양산 받친 얼음기둥이다.

미끄러짐의 물리학

여러 장의 지폐를 세거나 책의 페이지를 넘길 때는 손가락에 살짝 침을 묻히면 편하다. 물기로 촉촉한 손가락은 마찰력이 커 종이를 쉽게 넘길 수 있기 때문이다. 한편, 비가 와 길이 젖으면 마찰력이 줄어 쉽게 미끄러진다. 우리 모두 익숙한 경험이지만 참 신기하다. 표면이 물에 젖은 것은 마찬가지인데 손가락의 마찰력은 커지고 빗길의 마찰력은 줄어든다. 이런 차이는 왜 생길까?

뉴턴 물리학을 학교에서 배울 때 마찰력이 자주 등장한다. 물체를 표면 위에서 옆으로 밀 때 물체가 안 움직이려 뻗대는 힘인 마찰력의 크기는 표면이 물체에 수직 방향으로 작용하는 힘인 수직항력의 크기에 비례한다. 더 무거운 물체는 수직항력이 커서 마찰력도 크고, 같은 물체라도 힘을 주어 위

책 위에 동전을 놓고 책의 경사각을 점점 크게 하면 중력이 마찰력을 이겨 동전이 미끄러지기 시작한다. 이때의 경사 각도로 마찰계수를 잴 수 있다.

에서 누르면 그 힘의 반작용으로 수직항력도 커져 마찰력도 함께 커진다. 어떤 물체를 어떤 표면 위에서 옆으로 미는지에 따라 같은 수직항력이어도 마찰력이 달라지기도 한다. 마찰계수가 바로 마찰력과 수직항력의 비례관계식의 비례상수다. 더 무거운 물체를 마찰계수가 더 큰 표면 위에서 밀어 움직이려면 마찰력이 커서 더 큰 힘이 필요하다.

물리 교과서에는 마찰계수를 측정하는 간단한 방법도 나온다. 동전을 책 위에 올려놓고 책을 점점 가파르게 기울이면 책의 표면이 수평면과 이루는 각도가 어느 값보다 커지는 순간 동전이 미끄러져 내려온다. 이때의 각도를 재서 삼각함수의 하나인 탄젠트 값을 구하면 마찰계수를 얻게 된다. 마찰계수는 실험으로 간단하게 측정할 수 있지만, 그래도 여전히 궁금하다. 도대체 마찰력은 왜 생기는 것일까?

책 위에 놓인 동전의 접촉면을 현미경으로 확대해 본다

고 상상해보라. 동전이든 책이든 두 물체의 표면이 완벽한 평면일 리는 없다. 둘이 만나는 곳을 확대해보면 둘 다 오돌토돌할 수밖에 없다. 동전의 표면에서 볼록 솟은 부분이 책의 표면에서 볼록 솟은 부분과 가까이에서 만난다. 당연히 표면이 더 오돌토돌할수록 옆으로 밀려면 더 큰 힘이 필요하다. 거친 표면의 마찰력이 더 크다. 그렇다면 비가 내린 도로가 미끄러운 이유는 어렵지 않게 이해할 수 있다.

내 신발 바닥이나 도로나 표면은 상당히 거친데 비가 오면 물의 얇은 막이 둘 사이에 생긴다. 두 거친 면의 볼록한 부분들 사이의 거리가 얇게 형성된 물의 막으로 인해 늘어나고, 결국 마찰계수가 줄어든다. 비로 흠뻑 젖은 길이 마른 길보다 더 미끄러운 이유는 내 신발 바닥과 길 사이에 형성된 얇은 물의 막이 마치 윤활유처럼 작용하기 때문이다. 빗길이 미끄러운 이유는 이처럼 거시적인 규모의 표면 거칠기roughness로 이해할 수 있다.

이 글에서 소개할 논문(DOI: 10.1103/PhysRevLett.129.256101)은 공기 중에 수분이 있는 상황에서 거의 매끈한 두 면이 만날 때 어떻게 마찰력이 만들어지는지를 미시적으로 이해하고자 하는 연구를 담고 있다. 논문의 저자들은 규소로 이루어진 원판 모양의 평평한 웨이퍼 표면 위에 마찬가지로 규소로 만든 작은 고체 구를 둥근 웨이퍼의 중심에서 벗어난 위치에 올렸다. 그러고는 규소 고체 구를 웨이퍼 쪽인 아래로 밀어 일정한 크기의 수직항력을 만들어냈다. 이 상황에서 아래에 놓인 규소 판을 원의 중심을 통과하는 회전축을 따라 돌려 움직이면 규소 고체 구와 규소 웨이퍼 사이에 수평 방향의 마찰력이 작용하게 된다. 논문의 연구자들은 이 마찰력을 직접 정밀하게 측정하고는 이미 정확히 재서 알고 있는 작은 수직항력의 크기로 나누어 마찰계수를 측정했다. 공기 중의 상대습도를 체계적으로 바꿔가면서 마찰계수가 어떻게 변하는지를 직접 실험을 통해 측정한 것이 논문의 주요 결과다. 마찰계수의 값은 공기 중의 수분이 거의 없는 아주 건조한 상황의 작은 값에서 시작해서 상대습도가 약 20퍼센트 정도에 이를 때까지는 계속 증가하지만, 상대습도가 20퍼센트보다 더 높아지면 점점 줄어든다는 실험결과를 얻었다.

먼저 상대습도가 20퍼센트를 향해서 점점 증가할 때 마찰계수가 커지는 이유를 생각해보자. 상대습도가 0에 가까운 값에서 시작해서 조금 높아지면 거의 매끈한 두 면이 만나는 영역의 아주 야트막한 오돌토돌한 부분 사이를 연결하는 가는 물기둥이 모세관 현상에 의해 만들어진다. 바로 물 분자가 가지고 있는 전기적인 극성 때문이다. 모세관 현상으로 만들어진 작은 물기둥이 규소 고체 구와 규소 웨이퍼 사이를 연결하게 되면 수평 방향의 움직임을 방해해 둘 사이의 마찰력은 커진다. 그리고 상대습도가 높아지면 더 많은 물기둥이 둘을 연결하니 점점 더 마찰력도 커지게 된다. 하지만 모세관 현상으로 인한 마찰력의 증가 효과는 물기둥이 상당히 많이 생긴 다음에는 사라진다. 이제 더 늘어난 수분은 앞에서 말한 이유 때문에 마찰계수를 오히려 줄어들게 만든다. 실험에서 20퍼센트 정도에 도달할 때까지 마찰계수가 커지다가 이후에는 줄어드는 이유를 우리는 정성적으로 이해할 수 있다.

논문 저자들은 건조한 상황에 비해서 상대습도가 100퍼센트로 표면이 흠뻑 젖은 상황일 때 마찰계수가 더 크다는 재밌는 실험결과도 보고했다. 물에 흠뻑 젖은 거친 빗길은 미끄럽지만, 거시적으로는 거의 매끈한 표면은 물에 젖으면 오히려 마찰력이 커진다는 이야기다. 규소의 두 표면이 완전히 건조한 상황에서나 물로 흠뻑 젖은 상황에서나 모세관 현상으로 인한 효과는 전혀 없다. 그런데도 흠뻑 젖으면 마찰계수가 커지는 이유는 무엇일까? 저자들이 이용한 실험방법이 흥미롭다. 바로 원자핵에 중성자가 하나 더 들어 있는 수소의 동위원소로 만든 물인 중수를 이용한 것이다. 보통의 수소로 만든 물과 중수는 전기적 성질은 거의 같지만 수소 원자핵의 질량이 달라서 수소결합의 강도는 상당히 다르다. 물의 끓는점이 100도로 상당히 높은 이유도 수소결합 때문인데, 중수의 끓는점이 보통의 물보다 더 높다. 중수의 수소결합의 강도가 더 크기 때문이다. 논문 저자들은 보통의 물 대신에 중수를 이용하면 흠뻑 젖은 상황에서의 마찰계수가 더 커진다는 실험결과를 얻었다. 결국, 완전히 흠뻑 젖은 매끈한 표면이 건조한 표면보다 마찰계수가 더 큰 것은 수소결합 때문이라는 결론이다. 손가락에 침을 묻혀 책장을 더 쉽게 넘길 수 있는 이유가 바로 수소결합 때문일 것이라고 우리는 추측할 수 있다.

이처럼 일상의 익숙한 경험을 새로운 눈으로 볼 수 있게 만드는 것이 과학의 힘이다. 침 묻혀 책장 넘겨 책을 읽을 때, 너무나도 작은 규모에서 일어나는 수소결합을 떠올릴 일이다.

지진은 어떻게 발생할까?

지구는 안쪽부터 내핵, 외핵, 맨틀, 그리고 지각으로 이루어져 있다. 우리는 지각의 맨 위인 지표면에서 매일의 삶을 살고 있다. 맨틀은 가만히 있지 않는다. 외핵과 가까운 쪽이 온도가 더 높고 지각에 가까운 쪽은 온도가 낮아, 맨틀은 마치 가스레인지에 올린 냄비 안 물처럼 대류운동을 하게 된다. 암석으로 굳어 함께 움직이는, 지각과 상부 맨틀로 구성되어 있는 커다란 덩어리가 바로 판plate이다. 그 아래 맨틀의 대류로 인해, 맞닿아 있는 두 개의 판 사이에는 엄청난 스트레스가 누적되기도 한다.

바닥에 벽돌 둘을 동서로 나란히 붙여놓고, 양쪽에서 두 손으로 접촉면을 향해 힘주어 밀면서, 동쪽 벽돌에는 북으로, 서쪽 벽돌에는 남으로 힘을 주어보라. 남북 방향의 힘이 크지 않을 때에는 접촉면에서의 마찰력으로 말미암아 두 벽돌은 움직이지 않는다. 하지만 남북 방향의 힘을 점점 크게 하면, 결국 벽돌은 미끄러지게 된다. 남북 방향으로 누적된 스트레스가 미끄러짐으로 인해 해소되면 벽돌은 다시 붙어 멈추게 된다. 이처럼 붙었다가 미끄러졌다가를 반복하는 스틱-슬립 운동stick-slip motion이 바로 과학자들이 설명하는 지진의 발생 원리다. 버티다 버티다 결국 미끄러지기 시작하는 짧은 순간 지진이 발생하고, 한곳에서 만들어진 미끄러짐은 다른 곳의 스트레스를 급격히 늘려 새로운 미끄러짐을 만들기도 한다. 급작스런 미끄러짐이 만든 파동은 지진파의 형태로 진행해 우리에게 도달해 큰 피해를 미치기도 한다.

스틱-슬립 운동의 예가 주변에 많다. 바이올린 줄을 활로 수직으로 밀어 소리를 내는 것도 그렇다. 둘 사이의 마찰력으로 활과 줄은 하나가 되어 횡으로 함께 움직인다. 줄이 움직인 변위變位(위치의 변화량)가 점점 커지면, 처음의 상태로 줄이 다시 돌아가려는 힘이 커진다. 이 복원력이 결국 마찰력을 이기면 줄은 원래의 위치로 재빨리 미끄러져 돌아가면서, 줄을 따라 진행하는 파동을 만든다. 이 파동이 전달되어 바이올린 울림통의 공명을 일으키고, 결국 우리 귀에 들리는 멋진 바이올린 소리를 만든다. 스틱-슬립 운동이 꼭 듣기 좋은 소리만 내는 것은 아니다. 뻑뻑한 문이 바닥에 닿아 만들어내는 소리, 쇠못으로 유리창을 긁을 때의 소름 돋는 끔찍한 소리도 스틱-

슬립 운동의 결과다.

학술지 〈지오피지컬 리서치 레터스Geophysical Research Letters〉의 한 논문을 소개한 기사를 읽었다. 지구물리학을 전공하지 않은 내가 내용을 속속들이 이해할 수는 없었지만, 논문의 저자 빅터 차이와 그렉 허스가 제안한 지진 모형의 아이디어는 무척 흥미롭다. 기존의 스틱-슬립 모형에서는 경계면의 무작위적 거칠기의 분포를 이용해 고진동수의 지진을 설명한다. 같은 단층에서 발생한 지진이어도 어떤 규칙성을 찾기는 어렵다. 이번 논문은, 마치 핀볼게임처럼 단층 내부에서 탄성 충돌을 반복하는 크고 작은 규모의 암석들이 고진동수의 지진을 만든다고 설명한다. 같은 단층에서 발생하는 지진이라면 어느 정도의 규칙성을 생각해볼 여지가 있게 된다. 같은 기계에서 한 핀볼게임이라면, 매번 결과는 달라도 결과 사이에 모종의 통계적 규칙성이 있을 수 있다는 것과 같은 이유다. 오래된 단층에서는 큰 지진이 자주 발생하지 않는 것도 이 논문의 모형으로 쉽게 이해할 수 있다. 단층 내부에서 여러 번의 충돌로 커다란 암석이 작은 암석으로 이미 부서져, 오래된 단층에서는 큰 규모의 지진이 발생하기 어렵다. 반대로, 새롭게 형성된 젊은 단층에서는 커다란 규모의 지진이 발생할 수 있다.

이 논문의 참고문헌 부분에는 물리학 분야의 지진 연구 논문은 보이지 않는다. 한편, 내가 재밌게 읽었던 마크 뷰캐넌의 책《우발과 패턴》의 지진 관련 부분에는 지구물리학 분야 논문 소개가 거의 없다. 두 분야에서 진행되는 연구가 방법이나 목적이 다르다는 것은 분명하지만, 그래도 서로의 무관심이 아쉽다. 지진뿐 아니다. 학문의 경계에 걸쳐 있는 다른 분야도 그리 다르지 않다. 학문의 접촉면에서도 스틱-슬립 운동이 필요한 것이 아닐까. 충돌이 두려워 접촉을 피한다면 미래를 향한 변화의 파동도 만들어질 수 없는 것이 아닐까.

유리는 고체일까, 유체일까?

얼음은 고체이고 물은 액체다. 물이 끓으면 기체인 수증기가 된다. 온도가 아주 낮아지면 모든 입자들이 제자리에 꽁꽁 묶여 옴짝달싹 못하는 고체가 된다. 이때 입자들의 배열은 규칙적으로 반복되며, 눈으로 볼 수 있을 정도로 커다란 예쁜 단결정을 이룰 수도 있다. 이런 모습일 때 에너지가 가장 낮기 때문이다. 물이나 소금, 그리고 금속은 액체 상태에서 시작해 온도를 천천히 낮추면 결국 결정을 이뤄 고체가 된다. 반대로 온도가 아주 높아지면, 에너지가 아니라 엔트로피가 중요해진다. 입자들이 여기저기 아무 곳에서나 마구잡이로 활발히 움직이는 기체가 된다. 물리학에서는 기체가 가장 쉽고, 고체도 그럭저럭 이해할 만하고, 그 중간인 액체가 가장 어렵다. 액체 상태에 있는 물질의 내부에서 입자들은 결정을 이루지 않아 불규칙적으로 배열되고, 기체 상태일 때처럼 활발히 움직이지는 못하지만 위치를 그때그때 바꿀 수 있다.

손으로 눌러보면 딱딱해 고체 같고, 입자들의 배열은 불규칙해 액체 같은 물질이 있다. 바로 우리가 매일 보는 유리다. 유리는 과연 고체일까, 액체일까? 위치가 불규칙한 입자들이 옴짝달싹 못해 흐르지 못하는 고체 같은 액체, 액체 같은 고체가 바로 유리다. 유리 상태에 대한 연구는 어려운 액체보다도 더 어려워, 많은 물리학자들이 오랜 기간 골머리를 썩이고 있다. 유리컵을 만드는 과정을 보자. 높은 온도에서 구성 물질을 모두 녹여 액체 상태로 만들고는, 온도를 낮추면서 원하는 모습으로 변형시켜 유리를 굳히게 된다. 굳히기 전 처음의 액체 상태일 때 모든 입자의 위치가 담긴 사진을 찍는다고 상상하고, 유리컵으로 굳은 다음에 마찬가지의 사진을 찍어서 둘을 비교한다고 가정해보자. 액체 상태에서 찍은 사진과 유리 상태에서 찍은 사진을 구별할 수 있을까? 입자의 운동에 대한 정보 없이 스냅사진 속 입자들의 위치만을 본다면, 둘을 구별하는 것은 무척 어려운 일이다. 입자들이 불규칙하게 놓여 있다는 면에서는 액체 상태와 유리 상태가 다를 것이 없기 때문이다.

물리학 학술지인 〈네이처 피직스 Nature Physics〉에 구글 딥마인드의 연구원들이 2020년 출판한 논문이 바로 이 문제를 다뤘다(DOI: 10.1038/s41567-020-0842-8). 논문의 저자들은 먼저, 유리 상태가 존재한다는 것이 잘 알려진 이론 모형을 이용해 모두 4096개 입자에 대한 표준적인 분자 동역학 컴퓨터 시뮬레이션을 온도와 압력을 바꿔가며 여러 번 진행했다. 시뮬레이션의 과정에서 입자들의 위치 정보를 여러 스냅사진으로 저장하고, 이와 함께 각 입자의 시간에 따른 운동성도 측정했다. 액체 상태에서 어느 정도 활발히 움직이던 입자는 온도가 낮아져 유리 상태에 들어서면 운동성이 극도로 줄어들게 된다는 것을 이용하고자 했다. 입자들의 위치 정보를 그래프의 형태로 바꾸어 입력 정보로 넣어주는 그래프신경망Graph Neural Network을 이용했는데, 입자들의 운동성이 신경망에서 옳게 출력되는 방향으로 학습이 이뤄지게 된다. 학습을 마친 다음에는, 학습에 사용하지 않은 위치정보 스냅사진을 신경망에 입력하고 신경망이 출력해내는 입자들의 운동성을 살펴보면, 학습시킨 인공지능 신경망이 얼마나 효율적으로 결과를 도출할 수 있는지 평가할 수 있다.

논문의 결과는 무척 놀라웠다. 우리 눈으로는 거의 달라 보이지 않는 액체 상태와 유리 상태에서의 입자들의 위치 정보만으로도 상당한 시간이 지난 후의 입자들의 운동성을 성공적으로 예측할 수 있었다. 즉, 스냅사진만으로도 액체인지 유리인지를 알아낼 수 있다는 이야기다. 정적인 정보만으로도 동역학적 특성을 추출할 수 있다는 뜻이기도 하다. 학습시킨 인공신경망이 온도에 따른 상관거리의 변화를 중요한 특성으로 추출했다는 내용도 논문에 담겼다. 점점 더 멀리 떨어진 입자들도 서로 관계를 맺게 되는 것이 유리상전이의 주된 특성이라는 이야기다.

이 논문처럼 인공지능을 활용해 과학의 난제에 도전하는 연구가 최근 늘고 있다. 과학의 정해진 방법을 배우고 이를 그대로 적용하는 딱딱한 과학자가 아니라, 어느 문제에나 적응해 변모할 수 있는, 흐르는 물 같은 과학자가 미래에 더 필요하다.

중력파와 빛으로 함께 본 우주

2017년 10월 중순, 우리나라 연구진이 대거 참여한 국제 공동 연구팀이 중력파를 발생시킨 중성자별 충돌 현상을 빛을 이용해서도 관측했다는 것이 발표되었다. 그해 8월 17일 중력파 관측소에서 중력파 신호를 검출했고, 그로부터 2초 후, 감마선 망원경에서도 감마선의 폭발적 변화를 탐지했다. 두 가지 방법으로 천체현상을 동시에 관측한 쾌거다. 정보를 모아서 어디에서 두 신호가 발생했는지 알아냈고, 이후 라디오파와 가시광선, 그리고 엑스선의 파장영역에서도 후속 관측이 이어졌다. 이번 관측은 중요한 의미가 있다. 진정한 의미의 다중 신호 천문학이 드디어 시작된 것이다.

　물리학은 우리가 사는 우주에 네 개의 서로 다른 상호작용만이 존재한다는 것을 알려준다. 바로 강한 상호작용, 약한 상호작용, 전자기 상호작용, 그리고 중력 상호작용이다. 딱 네 개만이 존재한다는 것은, 우리가 살면서 보고 느끼는 모든 물리적인 힘이 어쨌든 이 넷 중 하나라는 뜻이다. 다른 가능성은 없다. 얼음판 위를 미끄러지던 돌멩이를 멈추게 하는 마찰력은 넷 중 뭘까? 용수철을 잡아당기면 물체가 원래 있던 위치로 돌아가려는 복원력은 또 넷 중 어떤 상호작용일까? 석탄을 태워 작동했던 증기기관의 원리는 이 중 어느 상호작용을 이용한 걸까? 휴대폰을 작동시키는 내부의 수많은 상호작용은 또 어떤 걸까? 이런 물음에 대한 답을 맞히는 요령이 있다. 모르겠으면 그냥 전자기 상호작용이라고 답하면 된다. 천체현상을 뺀 대부분의 자연현상에 대해 전자기 상호작용이 답이 되는 이유는 간단하다. 강한 상호작용과 약한 상호작용은 작용거리가 너무 짧아 우리가 마주하는 대부분의 현상과는 관계가 없고, 중력은 워낙 약하기 때문이다. 현대 문명을 만든 것은 십중팔구, 아니 백중 구십구는 전자기 상호작용이다.

전자기 상호작용을 빛알(광자)이 매개하듯이 다른 상호작용도 매개하는 입자가 있다. 매개 입자의 질량은 상호작용이 미치는 거리와 밀접한 관계가 있다. 질량이 0인 입자가 매개하는 상호작용은 작용거리가 무한대다. 매개 입자의 질량이 커질수록 상호작용이 미치는 거리가 짧아진다. 흥미롭게도 강한 상호작용은 거리가 멀어질수록 두 입자를 서로 잡아당기는 힘이 아주 강해진다. 양성자와 중성자 등을 구성하는 기본

입자인 쿼크가 뚝 떨어진 거리에서 하나씩 따로 관찰될 수 없는 이유다. 강한 상호작용을 매개하는 입자인 글루온의 질량은 0이지만 강한 상호작용이 작용하는 거리가 짧은 것은 바로 이처럼 거리가 멀어질수록 쿼크 사이의 힘이 아주 커져서 쿼크 사이의 거리는 늘 아주 짧게 유지되기 때문이다. 글루온의 질량은 0이지만, 강한 상호작용은 아주 짧은 거리에서만 의미가 있다. 한편, 약한 상호작용을 매개하는 입자의 질량은 0이 아니어서, 약한 상호작용은 작용하는 거리가 아주 짧다. 그리고 전자기 상호작용과 중력 상호작용을 매개하는 각 입자의 질량은 정확히 0이어서 아주 먼 거리까지 영향을 미칠 수 있다. 먼 우주를 보는 방법으로 전자기파와 중력파를 떠올릴 수 있는 이유다.

오랜 시간 전자기파라는 익숙한 외눈으로 우주를 보던 인류가 감겨 있던 중력파라는 눈을 드디어 떴다는 것이 노벨상을 받은 중력파 검출의 의미라면, 두 눈을 함께 이용해 동시에 천체현상을 관찰했다는 것이 첫머리에 말한 중성자별 충돌현상의 중력파, 전자기파 동시 관측의 의미다. 자연이 허락하는 두 눈을 이제 막 모두 뜬 인류가 두 눈으로 함께 보는 우주는 어떤 모습일까. 곧 다가올 놀랍고 새로운 발견에 대한 기대에 과학자들이 설레는 이유다.

2부

생물학
읽어보기

성이 둘이 아니라 셋이라면

2017년 7월 〈퀀타 매거진 Quanta Magazine〉에 실린 프라딥 무탈릭의 재밌는 글 "Why Are There Two Sexes?(왜 두 개의 성이 있는 것일까?)"의 내용을 내 생각도 조금 보태 소개하려 한다. 현실을 단순화한 간단한 수학적 접근법으로 성이 왜 셋이 아니라 둘인지를 생각해보는 내용이다.

먼 미래, 우리 인간이 외계행성을 방문했다. 이 행성에는 독특한 생명체가 있다. 우리 지구의 많은 생명과 달리, 성이 둘이 아니고 A, B, C, 이렇게 세 개의 성이 있다. 가만히 관찰해보니 A와 B가 교배하면 C성을 가진 자손 둘을 남기고, B와 C는 A성의 두 자손을, 그리고 C와 A는 B성의 두 자손을 남긴다는 것을 알게 되었다. 개체는 상당한 기간 생존하지만, 교배를 해 자손을 남기면 곧 사망한다는 것도 알 수 있었다. 한참 시간이 지나 다시 이 행성을 방문해보니, 세 성을 가진 독특한 이 생명체는 모두 멸종한 것을 알게 되었다. 그 사이에 도대체 무슨 일이 벌어진 것일까?

이 외계행성의 생명체는 서로 다른 두 성이 만나 교배해 성이 윗세대와 다른 두 자식을 낳는다. 자식의 숫자가 평균 둘이어야 하는 것은 그럴듯하다. 자식의 수가 2보다 작으면 세대를 이어가면서 개체 수가 줄어들 수밖에 없고(현재 우리나라의 상황이다. 우리나라 인구는 앞으로 한동안 줄어든다), 2보다 크면 세대를 이어갈수록 개체 수가 기하급수적으로 늘어 이 생명체 집단이 안정적으로 유지되기 어렵기 때문이다.

간단한 경우를 먼저 생각해보자. A가 하나, B가 하나만

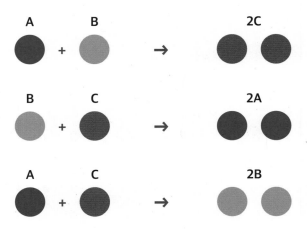

외계행성에서 세 성(A, B, C)을 가진 생명체의 교배로 태어나는 자손.

있는 상황이라면, 다음 세대에서는 A와 B는 사라지고 C만 둘이 된다. 이렇게 남은 두 C는 교배할 상대가 없으므로 자손을 남기지 못해 멸종한다. A, B, C, 각 성을 가진 개체 수를 편의상 (a, b, c)라고 표기해보자. 방금 소개한 상황은 이제 (1, 1, 0)에서 시작해 다음 세대에 (0, 0, 2)가 되고, 그다음 세대는 모두 멸종한 상태 (0, 0, 0)이 되는 것에 해당한다. 물론 두 번째 세대에 성이 C 하나만 남았기 때문이다. 이렇게 멸종을 피하려면 A와 B가 첫 세대에 교배할 때 둘이 같은 숫자가 아니어야 한다. 그렇다면 만약 (1, 2, 0)이면 어떨까?

처음 (1, 2, 0)으로 시작해보자. A와 B가 하나씩 먼저 만나 자손을 남기면 이제 A와 B는 하나씩 줄고, C가 둘이 늘어나게 되므로 다음 세대에는 (0, 1, 2)가 된다. 그다음에는 B와 C가 하나씩 만나 자손을 낳으니, 각각 하나씩 줄고 한편 자손으로 A가 둘이 된다. 즉, (2, 0, 1)이 된다. 그다음 세대는 (1, 2, 0). 눈치채셨는지? 만약 (1, 2, 0)으로 시작하면 세 세대가 지나면 다시 처음의 상태 (1, 2, 0)으로 돌아오게 된다. (1, 2, 0)의 상태는 이 생명체의 멸종으로 이어지지 않는다.

좀 더 많은 개체 수로 시작해보자. 만약 (6, 5, 9)라면 어떤 일이 벌어질까? A와 C가 서로 만나는 과정을 계속 이어가면 C가 A보다 셋이 더 많으니 결국 C가 세 개체가 남게 되고, 교배에 성공한 A와 C는 모두 여섯 쌍이므로 B가 열두 개체 늘게 된다. 즉, (6, 5, 9)가 (0, 17, 3)으로 이어진다. 자, 다음에는 B와 C 한 쌍을 교배해보자. B와 C가 하나씩 줄고 A가 둘이 늘어나니, (2, 16, 2)가 된다. 다음에는 A와 C를 교배시키면 (1, 18, 1)이 되고, 또다시 A와 C가 교배하면 (0, 20, 0). 그다음에는 B가 교배할 상대가 없으므로 멸종한다. (6, 5, 9)로 시작하면 이 생명은 멸종한다.

위의 얘기를 일반화할 수 있을까? (6, 5, 9)가 아니라, 만약 $(a, b, a+3)$처럼 A와 B의 처음 개체 수는 일반적인 숫자이고, C의 개체 수가 A의 개체 수보다 3이 더 많다면 어떨까? $(a, b, a+3)$은 A와 C의 a번의 교배로 $(0, b+2a, 3)$이 된다. 그다음에는 B+C, A+C, A+C, 이렇게 세 번의 교배를 이어가보자. 이 세 번의 교배에 의해서 $(0, b+2a, 3)$은 $(2, b+2a-1, 2)$, $(1, b+2a+1, 1)$, $(0, b+2a+3, 0)$이 차례로 이어지고, 그다음 세대에는 성이 B만 있어서 모두 멸종하게 된다. 즉, $(a, b, a+3)$으로 시작하면 처음 시작한 a와 b의 값에 무관하게 결국 멸종한다는 결론이다.

위의 계산을 다시 살펴보자. 조금만 더 생각해보면 $(a, b, a+3n)$의 꼴로 시작해도 마찬가지 결론에 이르게 된다는 것을 알 수 있다. 일단 A와 C의 a번의 교배로 $(0, b+2a, 3n)$이 되고 나면, 앞에서 생각한 B+C, A+C, A+C의 세 번의 교배 과정을 n번 반복하면 결국 멸종하게 된다.

자, 이 재미있는 문제에서 얻을 수 있는 일반적인 결론을 드디어 소개할 때다. (a, b, c)로 시작할 때, a를 3으로 나눈 나머지와 c를 3으로 나눈 나머지가 같다면, 결국 모두 멸종한다는 결론이다. 게다가 원래의 문제에서 A, B, C의 순서를 바꾼다고 해서 결과가 바뀔 리가 없다는 것은 자명하니, 결국 처음 시작한 개체 수 a, b, c에 대해서 각각의 숫자를 3으로 나눈 나머지가 모두 다른 경우가 아니면 멸종하게 된다. 위에서 예로 든 (1, 2, 0)으로 시작하는 경우는 3으로 나눈 나머지가 각각 1, 2, 0으로 모두 달라 멸종하지 않는다는 것을 쉽게 확인할 수 있다. (27, 28, 29)와 (37, 3, 14)도 마찬가지 이유로 멸종하지 않는다.

외계행성 얘기로 돌아가보자. 시간이 지나 다시 방문한 이 행성에서 세 개의 성을 가진 생명체가 사라진 이유를 이제 우리는 알 수 있다. 간단하다. 3으로 나눈 나머지가 모두 다른 (a, b, c)로 시작했다 하더라도, 교배 이전에 어쩌다 이 생명 종의 한 개체가 우연히 사고로 사망하는 경우가 드물게라도 발생할 수 있다고 가정하면, 세 성을 가진 이 외계 생명체는 지속가능하지 않다. 수학은 우주 어디서나 성립하니 우리 사는 지구도 마찬가지다. 세 성을 가진 생명체가 있었다고 해도, 두 성이 만나 교배해 부모 세대와 다른 3번째 성을 가진 자손을 낳는 방식으로 세대를 이어가는 생명체는 지속 가능하지 않다.

이제 우리 인간 얘기를 해보자. 남성의 성염색체는 XY, 여성은 XX다. 처음 배웠을 때 YY는 왜 없을까, 궁금했던 기억이 난다. 만약 YY를 가진 세 번째 성이 있다면 어떨까? XY와

XX는 각각 감수분열하고 교배와 발생을 통해 XY와 XX의 자손을 평균 하나씩 남기고, YY와 XY도 마찬가지의 과정을 거쳐 XY와 YY의 자손을 또 하나씩 남긴다. 한편 XX와 YY는 교배를 통해 XY를 가진 두 자손을 남긴다. XX를 A, XY를 B, YY를 C라고 하면, A+B의 교배는 A와 B를 하나씩 남겨 집단이 계속 유지되고, B+C의 교배도 마찬가지로 B와 C의 자손을 하나씩 남겨 부모 세대와 자식 세대의 성의 비율이 같다. 하지만 A+C의 교배는 B성을 가진 두 자손을 남기게 된다. (1, 1, 1)로 시작하면 A와 B가 교배하거나, B와 C가 교배하면 아무런 변화 없이 (1, 1, 1)로 유지되지만, A와 C의 교배로 인해 (0, 3, 0)이 되고, 그러고는 곧 자손을 남기지 못해 멸종하게 된다. 사람의 경우 YY 염색체를 가진 세 번째 성이 허락되었다면 인류는 존속될 수 없었다는 뜻이다. 우리 인간의 진화에서 택해진 전략은 바로 염색체형이 YY인 개체는 발생과정에 문제가 생겨 태어나지 못하게 하는 것이었다. $(a, a, 0)$으로 시작하면 $(a, a, 0)$이 계속 안정적으로 이어진다.

성은 왜 셋이 아닐까? 세 개의 성을 가진 생명체는 세대를 계속 이어가기 어렵기 때문이다. 방금 소개한 간단한 수학으로 이해할 수 있는 재밌는 결론이다.

암수 성비의 과학

진화생물학에 피셔의 원리Fisher's principle라는 이론이 있다. 부모가 자식 세대의 암컷과 수컷에 투자하는 양육의 비용이 같다고 가정하면 결국 암수의 성비가 1:1로 수렴한다는 이론이다. 자연에는 한 수컷이 많은 암컷과 교배하는 방식으로 살아가는 종들이 있다. 예를 들어 바다코끼리의 한 집단은 한 마리의 수컷과 100마리 정도의 가임기 암컷으로 구성되어 있다. 이처럼 집단의 암수 비율이 극도로 편향되어 있는 동물들도, 태어나는 새끼의 암수 비율은 1:1에 가깝게 수렴한다는 것이 피셔의 원리가 알려주는 신기하지만 자명한 결과다.

바다코끼리 한 집단의 암컷 입장에서 자식 세대의 성비를 어떻게 하는 것이 유리할지 생각해보자. 언뜻 생각하면 암컷 새끼만을 낳는 것이 유리할 수 있다. 수컷 새끼를 낳아봤자

다른 수컷과의 경쟁을 모두 이기고 수많은 암컷을 거느리게 될 가능성이 적으니 암컷 새끼를 낳는 것이 더 유리해 보인다. 하지만 모두가 암컷 새끼만을 낳는 상황에서는 수컷 새끼를 낳는 것이 유리하다. 이 수컷 새끼는 수많은 손자손녀 바다코끼리를 할머니 바다코끼리에게 자랑스럽게 보여줄 수 있으니 말이다.

이 이야기를 구체적인 숫자를 가지고 다시 해보자. 만약 바다코끼리 암컷 각각이 2:1의 비율로 암컷과 수컷 새끼를 낳는다고 해보자. 이 경우 집단 안에서 태어나는 전체 암컷과 수컷 새끼의 수를, 예를 들어 각각 20마리와 10마리라고 해보자. 2:1의 암수 비율로 새끼들이 태어난다고 가정한 결과다. 자, 그다음 세대에는 모두 40마리의 자손이 태어난다고 또 가정해보자. 그러고는 이들 40마리 자손 세대의 부모 세대를 보자. 먼저, 수컷 10마리의 입장에서 생각해보면, 40마리의 자손이 10마리의 수컷에게서 태어났으므로 수컷 한 마리는 40/10, 평균 4마리의 자손을 가진다. 같은 방식으로 계산하면, 암컷은 평균 40/20＝2마리의 자손을 가지게 된다. 결국 처음 할머니 세대의 암컷 바다코끼리는 자식으로 수컷을 낳는 것이 더 유리하다. 수컷 자식에게서 더 많은 손자손녀 바다코끼리가 태어난다.

진화의 과정에서 가장 중요한 것은 후손의 수라서, 위의 과정이 진행되면 처음 2:1의 암수 비율이 변하게 된다. 수컷을 낳는 것이 더 유리하기 때문이다. 결국, 2:1의 암수 비율에서 암컷에 해당하는 2는 점점 줄고 수컷에 해당하는 1은 점점 늘어난다. 그렇다고 해서 암수 비율이 1:2로 역전될 수도 없다. 위의 논의를 또 그대로 따르면 암컷 10마리와 수컷 20마리가 낳은 자손 40마리에서 암컷은 한 마리당 4마리의 자손, 그리고 수컷은 한 마리당 2마리의 자손을 갖게 되고, 따라서 1:2의 암수 비율에서는 거꾸로 암컷이 유리하게 된다. 1:2에서 시작하면 1은 늘고 2는 줄어드는 방향으로 진화의 과정이 진행될 수밖에 없다. 결국 1:1이 최종적으로 도달하는 암수의 비율이 된다. 15마리 암컷과 15마리의 수컷이 만나 40마리의 자손을 낳고, 결국 암컷 한 마리의 평균 자손 수와 수컷 한 마리의 평균 자손 수가 40/15으로 같아지는 상황이다. 암수 비율 1:1의 상태에서, 암컷 쪽이 조금 늘면 다음에는 거꾸로 수컷 쪽이 조금 늘어나는 방향으로, 수컷 쪽이 조금 늘면 다음에는 거꾸로 암컷 쪽이 늘어나는 방향으로 진행하게 된다. 암수 비율 1:1의 상황이 어쩌다 깨지더라도 결국 1:1의 균형 상태로 다시 돌아오게 된다는 뜻이어서, 암수 성비의 균형은 1:1에서 이루어진다. 바로, 피셔의 원리다. 결과에 이르는 논의의 방법과 구조가 게임이론의 방식이라는 것도 흥미롭다. 피셔의 원리가 알려주는 1:1의 암수 비율은 게임이론의 내쉬 균형Nash equilibrium이다.

위의 논의에서 평균 자손 수를 이용했다는 것이 중요하

다. 암수 1:1로 균형을 이루면 수컷 한 마리의 평균 자손 수와 암컷 한 마리의 평균 자손 수가 같아지지만, 그렇다고 해서 모든 수컷이 같은 숫자의 자손을 가진다는 뜻이 결코 아니다. 약 100:1의 암수 비율로 구성된 바다코끼리 집단에서도 모든 암컷은 1:1의 암수 비율로 새끼를 낳는다는 것이 피셔의 원리이다. 하지만 이렇게 태어난 많은 수컷 중 자손을 남기는 수컷은 극히 소수다. 할머니 암컷의 입장에서는, 자신이 낳은 자식 수컷이 많은 암컷으로 이루어진 큰 집단에서 많은 손자손녀를 남기는 아빠 수컷이 되기를 바라지만, 그 확률은 1/100로 무척 작다. 그래도 만약 희망이 이루어지면 엄청난 숫자의 손자손녀의 할머니가 될 수 있다. 번식기가 한번 지나면, 자신이 낳은 수컷 한 마리는 1/100의 확률로 100마리 손자손녀의 아빠가 되고, 자신이 낳은 암컷 한 마리는 거의 1의 확률로 딱 1마리 손자손녀의 엄마가 된다. $100 \times (1/100) = 1 \times 1$로 자신이 낳은 암컷, 수컷 자식 한 마리에게서 각각 기대하는 손자손녀의 숫자가 같을 뿐이다. 바다코끼리 암컷이 수컷 새끼를 낳는 것이 고위험·고소득 투자라면, 암컷 새끼를 낳는 것은 저위험·저소득 투자에 가깝다. 양육 투자로 얻을 손자 세대의 평균 개체 수는 암컷 새끼를 낳든, 수컷 새끼를 낳든 같지만 말이다.

위의 얘기는 무척 단순화한 상황을 다뤘다. 만약 암컷 새끼와 수컷 새끼가 가임기에 도달할 때까지 부모 세대가 지불할 양육 비용이 다르다면, 피셔 원리의 암수 균형은 1:1이 아닌 다른 비율에서 이루어진다. 또, 만약 가임기까지 생존할 확률이 암수가 다르다면, 태어날 때의 성비는 1:1에서 벗어날 수 있다. 바로 인간이 그렇다. 태어날 때에는 남자 아기가 여자 아기보다 좀 더 많지만, 남녀의 성비 균형은 이후 청소년기를 지나면서 1:1에 가까워지게 된다. 어린 남자아이의 평균 사망률이 어린 여자아이의 평균 사망률보다 약간 더 높기 때문이다. 일부일처로 평생을 살아가는 동물 종이나, 일부백처, 백부일처로 살아가는 동물 종이나, 군집 내의 암수 비율은 거의 1:1인 경우가 많다. 진화의 원리와 게임이론으로 생각해볼 수 있는 흥미로운 피셔 원리의 결과다.

무성생식과 유성생식

도대체 성은 왜 존재하게 되었을까? 사실 암수가 따로 존재하지 않는 생명체도 많다. 성이 없이 생식을 한다는 의미에서 무성생식이라 한다. 무성생식을 하는 생명의 경우 내가 가진 유전자 중 거의 100퍼센트를 마치 붕어빵 찍어내듯 자손에게 그대로 물려줄 수 있다. 암과 수, 두 개의 성이 있어 유성생식을 하는 생명은 자손 하나가 가진 유전자 중 내가 물려준 것은 절반인 50퍼센트 정도일 뿐이다. 내 유전자를 자손에게 가능한 한 많이 물려주려면 당연히 무성생식이 유리하다. 그런데 왜 우리 인간을 포함한 많은 생명은 유성생식을 하게 되었을까? 무성생식의 또 다른 이점이 있다. 후손을 함께 만들 배우자 상대를 찾아 나서는 힘든 노력이 필요 없다. 그냥 혼자 살다 적당한 때에 이르러 홀로 자손을 만들어내면 된다. 현실에서도 무성생식을 하는 생명의 개체 수가 유성생식을 하는 생명보다 대개의 경우 더 빠르게 늘어난다. 그런데 왜 많은 생명은 온갖 어려움을 무릅쓰고 유성생식을 택한 것일까?

무성생식과 유성생식을 비교해보자. 만약 이들 생명이 살아가는 환경에 아무런 변화가 없고, 다른 생명과의 치열한 경쟁도 없다면 당연히 무성생식이 유리하다. 무성생식 하는 생명 종의 개체 수가 시간이 지나면 더 빠르게 늘어나기 때문이다. 끊임없이 변화해가는 예측할 수 없는 미래에도 여전히 생존하는 생명을 만들어내는 과정이 진화다. 진화는 이 목표를 달성하기 위해 일정한 방향이 없는 마구잡이 '변이'를 이용한다. 변이를 가진 후손 중 일부는 운이 좋아 미래의 바뀐 환경에서도 생존할 수 있어 자신의 유전자를 후대에 물려줄 수 있지만, 대부분의 변이는 오히려 생존에 부적합한 경우가 많다. 마구잡이 변이 중 일부가 미래의 바뀐 환경에서의 생존에 더 유리할 수 있을 뿐이다. 무성생식에 비해 유성생식이 가진 유리한 점이 바로 변이의 다양성이다. 카드 게임 한 판을 마치면 카드 더미를 마구잡이로 섞는다. 무성생식의 변이는 매번 카드 더미에서 아무 카드나 한 장을 골라내 다른 카드로 바꾸는 것과 비슷하다. 붉은색 뒷면을 가진 트럼프 카드 한 벌이 있다면 한 번에 딱 한 장만 다른 색 카드로 바뀌는 것이 무성생식의 변이다. 카드 한 벌이 여러 다양한 색으로 바뀌려면 오랜 시간이 필요하다. 유성생식은 두 사람이 가진 카드 더미를 왼손

오른손에 나눠 쥐고 모두 함께 한 번에 섞고 다시 두 더미로 나누는 방법과 닮았다. 한 번만 섞어도 내가 처음 가지고 있던 카드 더미와 상당히 다른 카드 더미가 된다. 유성생식은 무성생식에 비해 부모와 다른 자손을 만들어낼 가능성이 더 크다.

무성생식 생명이 대개 더 빨리 개체 수가 늘어 유리하지만 문제가 있다. 무성생식으로 출현한 후손의 유전자는 서로 크게 다르지 않아, 생존에 불리한 환경으로 바뀌면 급격히 개체 수가 줄어들 위험이 있다. 세대가 한 번 지날 때 무성생식을 하는 생명의 개체 수 증가율을 A, 유성생식을 하는 생명의 개체 수 증가율을 B라 하면, A의 평균값이 B의 평균값보다 더 크다. 하지만 A의 값은 세대마다 들쭉날쭉하다. 환경이 거의 바뀌지 않을 때는 그 값이 크지만 환경이 바뀌면 다음 세대에 무척 작은 값을 가질 수도 있다. 주식투자에 비유하자면 무성생식은 가지고 있는 모든 현금으로 딱 하나의 주식을 매수하는 몰빵 투자와 닮았다. 잘되면 대박, 안되면 쪽박. 한편 유성생식은 여러 회사로 나누어 분산 투자를 하는 것과 닮았다. 잘되면 그냥저냥 크지 않은 수익을 거두지만 잘 안되어도 모든 투자금을 한 번에 잃지는 않는다. 주식 투자에 관한 격언 중에 '달걀을 한 바구니에 모두 담지 말라'는 얘기가 있다. 무성생식은 가지고 있는 모든 달걀(유전자)을 한 바구니에 담는 상황과 비슷하고, 유성생식의 경우는 두 사람의 투자자가 함께 두 개의 바구니를 만들고 둘이 각각 가진 달걀(유전자)을 둘로 나뉘 두 바구니에 나눠 담는 분산 투자와 비슷하다.

현실의 주식 투자에서 투자액이 크지 않다면야 몰빵 투자로 패가망신하지는 않겠지만, 생명 종이 후손을 만드는 것은 정말 다르다. 다음 세대 개체 수 증가율이 오르락내리락하다 어쩌다 단 한 번이라도 0이 되면, 그다음 세대는 아무도 없어 종의 멸절로 이어지게 된다. 평균 개체 수 증가율은 무성생식이 더 크지만 개체 수 증가율이 매번 오르락내리락하는 폭도 더 크다. 오르면 좋겠지만 어쩌다 증가율이 바닥을 치면, 그다음 세대는 없다. 유성생식은 진화의 과정에서 생명이 택한 현명한 위험 회피 투자 전략이다. 대박 나면 좋겠지만 그렇지 않더라도 멸종에 이를 가능성은 거의 없는 훌륭한 전략이다. 간단히 해결할 문제를 굳이 복잡하게 해결하지 않는 것이 자연이 보여주는 방식이다. 두 개의 성으로 멸종의 위험을 크게 줄일 수 있다면 굳이 둘보다 더 많은 성을 진화가 택했을 것 같지는 않다. 무성생식에 이점이 있다는 것도 중요하다. 안정적인 환경에서 더 빠르게 개체 수를 늘릴 수 있다. 지구의 다양한 생명에서 무성생식과 유성생식이 여전히 함께 병존하는 이유다.

유전자를 유성생식으로 교환하는 방법이 가진 이점이 더 있다. 바로 미래의 위험에 대비해, 지금 당장은 크게 도움이 되지 않는 유전자라도 후대에 계속 물려줄 수 있다. 유전자를 열성과 우성으로 나누기는 하지만 사실 유전자에 우優와

열劣은 없다. 겉으로 드러나 생명체가 살아가는 데 영향을 미치는 유전자(보통 우성유전자라 부름)와 겉으로 드러나지 않아 영향이 없는 숨겨진 유전자(보통 열성유전자라 부름)가 있을 뿐이다. 드러난 유전자와 숨겨진 유전자가 함께 있다면 드러난 유전자만 개체의 생존에 영향을 준다. 유성생식은 드러나지 않아 숨겨진 유전자를 후손에게 물려줄 수 있다. 드러나지 않는 유전자는 일종의 보험이다. 환경이 바뀐 미래에 숨어 있던 유전자가 발현하면 개체의 생존에 큰 도움을 줄 수도 있기 때문이다.

환경에 아무런 변화가 없다면야 무성생식이 유리하지만, 세상의 환경은 시시각각 크고 작은 변화를 계속 이어간다. 미래에 닥칠 예측할 수 없는 환경 변화에 더 효율적으로 대비하는 것이 바로 유성생식이 제공하는 유전자의 다양성이다. 둘의 유전자를 절반씩 섞는 방식으로 더 다양한 자손을 만들어낼 수 있어서, 환경이 변해도 종 전체가 멸종하지 않고 생존을 이어갈 확률이 무성생식보다 더 크다. 유성생식의 또 다른 이점은 당장은 생존에 도움이 되지 않는 드러나지 않는 유전자라도 미래 후손을 위해 보험으로 남겨줄 수 있다는 것이다.

지구 위 온갖 아름다운 생명을 만들어낸 진화에서 다양성의 가치를 본다. 우리 사회도 그렇다. 획일적인 사회는 변화에 취약하다. 다양성이 우리가 살 길이다.

DNA가
오른쪽으로 꼬인 이유

드라이버로 나무판에 나사를 박으려면 어느 방향으로 돌려야
할까? 나사가 앞으로 나아가는 모습을 드라이버를 든 내가 보
면, 나사는 시계방향으로 돈다. 한편, 나무판 쪽에서 점점 다
가오는 나사를 보는 사람은 나사가 반시계방향으로 돈다고
말한다. 빙빙 돌면서 한쪽 방향으로 진행하는 나선에 대해서
는 시계방향, 반시계방향으로 그 나선의 꼬인 방향을 말할 수
없다. 어느 쪽에서 보느냐에 따라 회전 방향이 달라 보여 그
렇다. 태양 주위를 공전하는 지구 궤도도 마찬가지다. 지구의
북극 방향으로 한참 떨어진 먼 우주에서 보면 지구는 반시계
방향으로 공전한다. 하지만 지구 공전궤도면의 반대쪽, 남극
방향 멀리서 태양 주위를 도는 지구를 보면, 이건 또 시계방
향이다.

오른손으로 긴 연필을 감싸 주먹을 쥐고, 엄지손가락은 위로 쭉 뻗어 연필과 같은 방향으로 하자. 이때 엄지손가락을 뺀 네 손가락이 연필을 감아쥐는 방향이 바로 오른나선 방향이다. 왼손으로 똑같이 하면, 왼손 네 손가락이 감는 방향이 왼나선 방향이다. 나사를 드라이버로 돌리는 모습을 생각해보자. 둥글게 오므린 오른손 네 손가락의 뿌리에서 손가락 끝을 향하는 방향을 따라 드라이버를 돌릴 때 오른손 엄지손가락의 방향으로 진행하는 것이 보통 우리가 쓰는 나사다. 즉, 나사는 오른나선 방향이다. 나사를 돌리는 쪽에서 보나 반대쪽에서 보나, 네 손가락의 방향으로 회전하는 나사는 엄지손가락 방향으로 진행한다.

연필을 꼭 쥔 손을 180도 돌려 엄지손가락을 아래로 해 살펴봐도 오른나선은 여전히 오른나선이다. 만약 180도 돌려 거꾸로 했더니 갑자기 오른나선이 왼나선으로 바뀐다면, 나사를 돌려 물체를 천장에 고정할 때와 바닥에 고정할 때, 우리는 다른 나사를 써야 한다. 물론 말도 안 되는 얘기다. 이리 보나 저리 보나 한번 오른나사는 항상 오른나사다.

오른나사를 왼나사로 바꿀 수는 없지만, 오른나사를 왼나사로 보이게 할 수는 있다. 바로 거울에 비친 모습을 사진 찍으면 그렇다. 왼손에 시계를 찬 나를 비춰보면 거울 속 나는 오른손에 시계를 차고 있다. 왼나사와 오른나사는 거울에 비친 서로의 모습이다.

DNA도 나선 모양이다. 오른나사가 왼나사보다 더 나을 근본적 이유를 물리학에서 찾을 수 없듯이, DNA 나선의 방향도 한쪽을 선호할 이유가 없는데도, 지구 모든 생명체의 DNA는 오른나선이다. 최근 천체물리학 학술지 〈아스트로피지컬 저널 레터스$^{\text{The Astrophysical Journal Letters}}$〉에 실린 논문(DOI: 10.3847/2041-8213/ab8dc6)에 흥미로운 내용이 있다. 우주공간에서 지구를 향해 빠르게 쏟아지는 양성자는 대기의 입자들과 만나 파이온을 만들고, 파이온은 약한 상호작용을 통해 다른 입자로 붕괴한다. 그런데 물리학의 약한 상호작용은 왼쪽/오른쪽 대칭성이 깨져 있어 한쪽을 선호한다는 것이 잘 알려져 있다. 결국 대칭이 깨져 한쪽 손잡이인 입자들이 지구 위 생명체에 주로 도달한다. 지구 생명의 탄생 초기에는 왼나선/오른나선 RNA, DNA가 비슷하게 존재했어도, 약한 상호작용을 통해 붕괴한 입자들이 한쪽 손잡이라는 이유로 말미암아 오른나선 DNA에 아주 약간 더 높은 확률로 변이가 일어났다는 것이 논문의 주장이다. 변이는 진화의 필요조건이니, 우리 모든 생명에 담긴 DNA의 생물학이 우주의 물리학에 연결될 수 있다는 심오한 결론을 얻게 된다. 외계인도 마찬가지로 DNA가 있다면, 오른나선일 가능성이 크다.

여름철 날이 더워지면, 작년에 치워놓은 선풍기를 꺼내 다시 조립한다. 먼저 선풍기 안전철망의 안쪽 절반을 오른나선 방향의 너트를 돌려 몸체에 고정한다. 이어서 날개 가운데

구멍에 금속 회전축을 통과시키고 두 번째 너트를 돌려 날개를 고정한다. 이 두 번째 너트의 방향은 오른나선이 아닌 왼나선 방향이다. 선풍기 날개는 앞에서 보면 시계방향으로 돈다. 선풍기 날개가 돌기 시작할 때 너트가 따라 돌지 않으려 버티는 회전관성을 생각하면 이렇게 하는 것이 맞다. 두 번째 너트도 오른나선이라면, 더운 여름 어느 날 너트가 풀릴 수 있다. 선풍기 조립할 때 독자도 두 너트의 방향을 확인해보시길.

나는 한 개체일까?

나는 독립적인 개체일까? 나와 너를 하나가 아닌 둘로 셀 수 있을까? 철학적인 질문일 수도 있지만, 생물학에 관련된 질문이기도 하다. 이 질문에 "당연히 그렇다"고 답한 독자가 많으리라. 우리가 보통 이야기하는 개체는 주변 환경과 물리적으로 분리되어 공간 안에 국소적으로 존재하는 생명체를 일컫기 때문이다. 나의 몸은 나의 밖과 피부라는 인체조직으로 구분되고, 몸 밖 환경을 인식해 내 몸은 다음의 반응을 정한다. 더우면 땀을 흘리고 이곳저곳이 아닌 바로 이곳에 있는 나는 분명한 생물학적 개체로 보인다. 우리 집 귀여운 강아지 콩이도, 여름 밤 나를 괴롭히는 모기 한 마리도.

개체의 개념을 생물학은 진화의 관점에서 좀 더 넓게 확장하기도 했다. 흐르는 강물을 환경으로, 그 위에 떠 있어 강물의 영향을 직접 받는 작은 배를 개체로, 그리고 배 안에 담긴, 배를 만드는 방법이 적힌 설계도를 유전자로 비유해보자. 설계도는 배의 구조에 영향을 미치고, 배는 강물의 영향을 받는다. 강물에 뒤집히면 배와 함께 설계도도 물속으로 사라지지만, 살아 있는 개체는 소멸하기 전 거의 같은 설계도가 담긴 다른 개체를 만들어낸다. 후대로 이어지는 것은 배가 아니라 설계도다. 개체는 유전자의 탈것이다. 이것이 바로 《이기적 유전자》로 유명한 리처드 도킨스의 관점이다. 생물학적 개체는 외부와 공간적으로 구별되는 반응과 적응의 기본 단위다.

독자가 위의 얘기를 듣고 당연하다고 고개를 끄덕였다면 다시 생각해보시길. 생물학의 개체 개념은 사실 그리 명확하지 않다. 인체 세포보다 훨씬 더 많은 박테리아 세포가 내 몸 안에 함께 살아, 내 안에는 나보다 내가 아닌 것이 더 많다. 피부 안쪽에서 서로 도우며 함께 사니 이들 박테리아가 나라는 개체의 한 부분이라고 할 수도 있지만, 그래도 담긴 유전자가 다르니 그렇지 않다고 답해도 딱히 틀렸다고 하기는 어려워 보인다. 개미와 같은 사회적 곤충은 개체의 의미를 더 곤혹스럽게 한다. 개미 한 마리를 개체라고 할 수도 있지만, 일개미는 자신의 유전자를 후대에 물려주지 못하니, 도킨스의 의미로는 개미집단 전체를 한 개체라고 하는 것이 더 그럴듯하다. 개미집단이 개체라면 일개미 한 마리는 나라는 개체를 구성하는 내 몸 세포 하나를 닮았고, 수개미는 날아다니는 정자세포다. SF 영화 〈솔라리스〉에는 넓은 바다 전체가 하나의 지적 생명체인 외계행성 얘기가 나온다. 공간 안 일정 규모의 국소성은 생물학적 개체가 가져야 할 필요조건도, 충분조건도 아니라고 할 수 있다.

2020년 3월, 학술지 〈생명과학 이론 Theory in Biosciences〉에 출판된 논문 "개체성의 정보 이론 The information theory of individuality"(DOI: 10.1007/s12064-020-00313-7)은 엔트로피를 활용해 개체성의 새로운 정의를 시도한다. 개체성은 그렇다/아니다, 두 개의 답만 허용되는 질문이 아니라 연속적 스펙트럼 위에 놓이고, 우리가 대상을 바라보는 층위와 척도에 따라 한 개체는 더 상위 수준 개체의 한 부분이 될 수도 있다. 논문의 저자들은 과거의 정보를 미래로 안정적으로 충실하게 투사하는 존재로서 개체를 정의한다. 개체와 환경의 임의적 경계를 확장해보는 과정에서, 미래로 투사된 정보의 양이 최댓값에 이를 때가 바로 개체의 증거가 된다. 이렇게 제안된 개체는 대상이 아닌 동적 과정에 붙여진 이름이 되고, 우리가 익숙한 공간적 국소성은 개체의 정의와 무관해진다. 저자들이 제안한 새로운 접근법의 적용 대상은 생명체로 국한되지 않는다. 같은 수학적 방법을 적용해서 우리는 세포와 생체 조직의 개체성뿐 아니라, 기업, 정치 집단, 그리고 온라인 그룹, 심지어는 도시의 개체성에 대해서도 같은 방식으로 생각해볼 수 있게 된다.

나는 개체일까? 내 몸 안 세포 하나는 개체일까? 수많은 사람들이 서로 영향을 주고받는 인간 사회는 개체일까? 그렇다면 지구라는 시스템 전체도 개체일까? 우리가 외계의 생명체와 조우할 때, 우리는 개체를 구분할 수 있을까? 전통적인 생물학의 접근법이 아닌 정보이론의 수학적 접근법이 개체성이라는 중요한 질문에 답을 줄 수 있을까?

황제펭귄의 추위 대처법

작은 이슬방울은 왜 둥근 모습일까? 가끔 강연에서 묻는 질문이다. 많은 학생이 표면장력 때문이라고 답한다. 표면장력이 있으면 왜 물방울이 둥근 모습인지 질문을 뒤집어 다시 물으면, 일부 학생이 구의 표면적이 가장 작기 때문이라고 답한다. 다시 질문을 이어가, 왜 표면장력이 있으면 물방울이 작은 표면적을 선호하는지, 표면장력이 과연 무엇인지 물으면, 이제 답하는 학생은 많지 않다. 이슬방울이 둥근 이유가 표면장력 때문이라고 단답형으로 답할 수 있다고 해서 이슬방울이 둥근 이유를 정말로 이해한 것은 아니다.

이제 황제펭귄 얘기를 해보자. 바다에서 멀리 떨어진 일정 지역에 매년 모여 번식하는 황제펭귄 다큐멘터리를 인상 깊게 본 적이 있다. 날씨가 아주 추워지면, 황제펭귄은 다닥다

닥 가깝게 모여 높은 밀도의 무리를 이룬다. 바람 없는 캄캄한 밤, 동서남북 어느 방향이나 환경이 똑같은 상황에서 황제펭권의 밀집대형은 어떤 모습일까? 이 질문에 대한 답은 간단한 사고실험으로 찾을 수 있다. 내가 바로 무리의 맨 바깥 가장자리에서 추위에 떠는 펭귄이라고 상상해보는 거다. 무리 안쪽에서 주변 펭귄과 온기를 나누고 있는 다른 친구 펭귄이 나는 참 부럽다. 무리의 안쪽으로 쏙 들어가고 싶다. 나만 추운 게 아니다. 밀집대형의 바깥 둘레에 있는 모든 펭귄이 마찬가지다. 결국 가장자리에서 추위에 떨고 있는 펭귄의 수가 최소가 되는 상태에서 밀집대형의 모습이 결정된다. 긴 막대 모양보다는 정사각형 모양일 때 추위에 떠는 펭귄이 적고, 정사각형보다도 원 모양이 더 낫다. 2차원에서 면적이 일정할 때 둘레의 길이가 가장 짧은 도형이 바로 원이기 때문이다. 바람 없는 추운 밤, 황제펭귄 무리가 선호하는 밀집대형의 모습은 원이 될 것을 예상할 수 있다.

자, 이제 위의 설명을 3차원으로 확장하고, 펭귄 한 마리를 물방울 속 물 분자로 생각해보자. 물방울의 가장자리에 있을 때보다 물방울 안에 있을 때 물 분자의 에너지가 더 낮다. 손에서 놓으면 아래로 떨어지는 돌멩이처럼, 모든 물체는 에너지가 낮은 곳에 있으려는 경향이 있다. 결국 모든 물 분자는 바깥보다는 안에 있고 싶어 하고, 지금 자리한 곳이 불만인 물 분자의 숫자가 최소가 되는 상태에서 전체 물방울의 모양이 결정된다. 그리고 둥근 구가 3차원의 주어진 부피에서 표면적이 가장 작은 모양이다. 물방울이 둥근 이유는 서로 잡아끄는 전기력인 표면장력에 의한 퍼텐셜 에너지가 최소가 될 때의 모습이 바로 구이기 때문이다.

2012년 학술지 〈플로스원PLOS ONE〉에 황제펭귄의 밀집대형에 관한 논문(DOI: 10.1371/journal.pone.0050277)이 실렸다. 위에서는 펭귄 한 마리의 부피를 생각하지 않았지만 현실은 다르다. 바닥에 동전을 여러 개 놓고 사방에서 안쪽으로 밀면, 동전은 결국 밀도가 가장 큰 육각격자의 모습으로 모인다. 현실의 펭귄도 1제곱미터에 무려 10마리 정도의 높은 밀도로 육각격자의 모습으로 무리지어 모인다. 격자의 육각형의 가운데에 펭귄이 한 마리씩 놓이고 누구나 여섯 마리의 친구 펭귄과 몸을 맞대고 있는 모습이다. 매서운 바람이 불면 위에서 소개한 간단한 펭귄 사고실험과 결과가 달라진다. 불어오는 서풍을 마주해 맨 앞에서 추위에 떠는 펭귄은 잠시 뒤 자리를 떠나 더 따뜻한 무리의 동쪽으로 옮겨간다고 논문은 가정했다. 수백 마리 펭귄에 대한 시뮬레이션을 통해 황제펭귄의 밀집대형의 실제 모습을 어느 정도 재현해 설명할 수 있었다. 바람의 방향을 따라 길쭉하게 늘어난 타원형 육각격자의 모습으로 밀집대형이 형성된다.

맨 앞에서 바람을 맞아 추위에 떠는 펭귄이 자리를 옮기면, 안쪽에 있던 다른 펭귄이 전면에 드러나 추위에 떨게 된다. 시간이 지나면 모든 펭귄이 공평하게 자리를 옮기게 되지만, 무리 전체의 안쪽에서는 상당히 높은 온도가 꾸준히 유지된다. 실제로도 황제펭귄 무리 안쪽의 온도는 바람 불어 추운 날에도 섭씨 20도 이상으로 유지된다고 한다. 한 마리씩 추위의 고통을 번갈아 분담하며 무리 전체는 추위를 버틴다. 황제펭귄 무리가 추위에 맞서는, 각자는 이기적이지만 모두에게는 유리한 놀라운 대처 방식이다.

생명은 늘 진화의 산을 오른다

요즘은 자주 볼 수 없지만, 고기압과 저기압에 해당하는 영역을 우리나라 지도 위에 표시한 기상도로 날씨를 예측하는 장면을 오래전 텔레비전 방송에서는 흔히 볼 수 있었다. 주변보다 공기의 압력이 높은 지역은 '고', 압력이 낮은 지역은 '저'라고 표시한 기상도를 보면 바람이 어느 방향으로 불지, 비구름이 어느 방향으로 옮겨가 강우지역이 어떻게 변할지 파악할 수 있다. 기상도에서 고기압으로 표시된 부분을 둘러싸고 있는 닫힌 모양의 폐곡선 안쪽은 주변보다 기압이 높고, 그 바깥은 기압이 낮다. 고기압 영역을 둘러싸고 있는 폐곡선 위에서는 기압이 같아서, 기상도에 등장하는 이런 선들을 등압선^{等壓}線이라고 부른다. 그 위에서는 기압이 같다는 뜻이다.

지형의 높고 낮음을 2차원 지도 위에 표현할 때도 같은 방법을 쓴다. 선 하나로 부드럽게 연결된 위치들은 해발고도가 같은 지점들이어서, 이 선을 등고선等高線이라고 부른다. 등고선으로 지형의 높고 낮음을 표시하면 산꼭대기 부분은 작은 원으로 둘러싸여 있다. 그 원은 바깥쪽의 좀 더 큰 원 안에 놓여 있다. 평면 위에 봉긋 솟은 원뿔을 생각하면 쉽게 이해할 수 있다. 원뿔 꼭짓점을 둘러싸고 높이가 일정한 점들을 선으로 이어서 그린 뒤 위에서 바라보면 이 점들은 둥근 원 모양으로 원뿔 꼭짓점을 둘러싸고 있다. 여러 등고선 각각에 해발고도가 얼마인지를 숫자로 표시하기도 한다. 가장 빠르게 산꼭대기로 오르는 방법은 해발고도가 높아지는 방향으로 등고선을 수직 방향으로 가로질러 가는 것이라는 것도, 산꼭대기에서 물을 흘리면 각 등고선을 수직으로 가르는 방향을 따라 물이 높은 곳에서 낮은 곳으로 흐른다는 것도 쉽게 짐작할 수 있다.

과학에서는 이처럼 지형landscape을 자주 이용한다. 요즘 각광받고 있는 인공지능 분야에서도 그렇다. 현재 인공신경망의 상태를 높은 차원의 공간 안에 한 점으로 표시할 수 있다. 이렇게 표시한 각 위치마다, 신경망의 출력 결과가 우리가 원하는 정답과 얼마나 다른지, 그 오차 값을 대응시켜보자. 각 위치에서의 오차 값을 마치 그곳의 해발고도처럼 간주해서 그린 전체 오차 지형의 모습을 떠올릴 수 있다. 신경망 출력의 오차를 줄이는 간편한 방법은 오차의 지형에서 내리막길을 따라 아래로 조금씩 나아가도록 신경망의 상태를 변화시키는 것이다. 이 방법이 바로, 경사가 급히 변하는 방향으로 아래로 내려간다는 것을 뜻하는, 인공신경망의 인기 있는 학습 방법인 경사하강법gradient-descent method이다. 프로그램으로 구현하는 아이디어도 무척 간단하다. 현재 인공신경망의 상태에서 어느 방향으로 움직여야 오차의 지형도에서 가장 빨리 아래로 내려갈 수 있는지를 계산하고는 그 방향으로 작은 발걸음을 연이어 옮겨 걸어가는 것을 반복한다. 경사하강법을 이용하면 오차 지형도의 가장 깊은 골짜기, 즉 출력과 정답의 차이가 가장 작은 곳에 도달할 수 있다.

물리학에서도 지형을 이용할 때가 많다. 온도가 아주 낮을 때 물질은 가장 에너지가 낮은 바닥상태에 도달한다. 온도를 낮추면 액체인 물이 얼어 결정구조를 가진 얼음이 되는 이유도 바로 얼음이 물보다 에너지가 낮기 때문이다. 낮은 온도에서 물질이 보여주는 에너지의 바닥상태를 얻는 방법은 에너지 지형에서 가장 깊은 골짜기를 찾는 것과 다를 것이 없다.

인공지능 분야에 오차 지형이 있고 물리학에 에너지 지형이 있다면 진화생물학에는 적합도 지형fitness landscape이 있다. 적합도는 생명체가 성공적으로 남기는 자손의 수에 비례한다. 오차 지형과 에너지 지형에서는 깊은 골짜기를 찾는 것이 중요하지만, 생명은 골짜기가 아니라 산꼭대기를 좋아한다. 적합도 지형의 가장 높은 봉우리에 오른 생명체는 적합도가 높아 이후 세대를 거듭하며 자손을 많이 남기게 되고, 결국

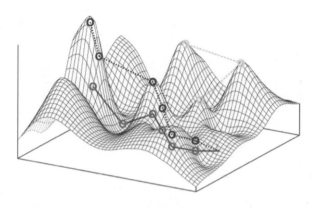

적합도 지형. 모든 생명은 제각각의 여정을 따라 적합도 지형의 산봉우리로 오르는 과정을 이어간다.
그림 출처: Randy Olson / wikimedia commons.

경쟁에서 이겨 우점종이 된다. 진화의 과정은 각 생명이 가장 높은 산봉우리로 오르는 치열한 경쟁이다. 코로나 팬데믹 국면의 후반에 코로나 바이러스의 우점종이 델타에서 오미크론으로 바뀐 이유는 적합도 지형에서 오미크론이 더 높은 산꼭대기에 도달했기 때문이다.

　사람들은 물리학이 어렵다고 하지만 사실 생물학이 훨씬 더 어렵다. 이유가 있다. 풍경을 찍은 스냅사진처럼 물리학의 에너지 지형은 시간이 지나도 고정되어 변하지 않는다. 우리나라에서 오늘 0도의 온도에서 얼음이 언다는 사실은 다른 나라에서 내일 다시 실험한다고 다를 리가 없다. 물리학의 에너지 지형은 고정되어 있어 변하지 않아 언제 어디서 봐도 어제의 깊은 골짜기는 여전히 그곳에 같은 깊이로 있다. 생물학의 적합도 지형은 다르다. 모든 생명은 자신의 유전형을 조금씩 바꿔가며 적합도 지형에서 산꼭대기로 오르려는 노력을 이어간다. 하지만 막상 산꼭대기에 도달해 잠시 숨을 고르고 주변을 살피면, 오를 때 보았던 풍경과 다른 풍경을 보게 된다. 모든 생명이 마주한 환경은 시시각각 변해 적합도 지형은 늘 움직여 변한다. 무거운 돌을 산 위로 굴려 올리는 일을 무한 반복하는 형벌을 받은 그리스 신화의 시시포스가 하는 일도 생명이 하는 일에 비하면 쉬워 보인다. 어제의 진화의 성공이 내일의 성공을 보장하지 못한다. 늘 변화해가는 적합도 지형에서 산꼭대기로 오르는 과정을 계속 이어가는, 영원히 끝나지 않는 여정이 생명의 진화다.

코로나 이후에도 또 다른 감염병이 우리에게 찾아올 것은 분명하다. 확산이 진행되면서 새로운 변이들이 만들어지고, 이 중 어떤 변이는 적합도 지형의 높은 곳에 도달해 잠정적인 승자가 된다. 백신과 치료제의 개발과 보급뿐 아니라 감염병 확산을 막기 위한 보건 정책의 종류와 강도가 달라지면 적합도 지형은 또 달라지며 변화해간다. 상황이 변하면 계속 변화해가는 적합도 지형의 정상을 향해 감염병 세균과 바이러스는 묵묵히 나아간다. 이들에게 인간에 대한 악의는 전혀 없다. 우리는 각각의 생물종이 바라보는 적합도 지형을 이루는 풍경의 일부분일 뿐이다.

3세대 만에 출현한
새로운 종

비글호 항해 중 다윈이 자세히 관찰해 '다윈의 핀치'라는 애칭으로 불리는, 서로 다른 종이지만 뭉뚱그려 '핀치'라 불리는 일군의 새가 있다. 여러 섬으로 이루어진 갈라파고스에는 섬마다 독특한 환경에 적응한 여러 종의 다양한 핀치가 있고, 다윈은 이들의 존재를 '변이와 자연선택'으로 축약되는 진화론으로 설명할 수 있다는 것을 알게 된다.

2017년 11월 〈사이언스〉에 흥미로운 논문(DOI: 10.1126/science.aao4593)이 실렸다. 갈라파고스의 여러 섬 중 다프네 섬의 핀치를 오랜 기간 연구한 과학자들이 딱 3세대 만에 새로운 종으로 볼 수 있을 핀치가 등장해 6세대까지 성공적으로 번식을 이어가는 것을 발견했다. 신종 핀치가 등장한 과정은 다음과 같다. 100킬로미터 이상 떨어진 다른 섬에서 우연히 날아온 외래 핀치 한 마리가 먼 고향 섬으로 돌아가지 못하고, 다프네섬에서 정착해 살고 있는 다른 종의 핀치와 짝짓기를 해 자손을 남긴다. 사실, 이런 종간 짝짓기는 드문 일이 아니다. 말과 당나귀의 잡종 노새, 그리고 사자와 호랑이의 잡종 라이거, 그리고 심지어는 종간잡종도 아니고 속간잡종인 메추리와 닭의 잡종인 메닭도 있다. 종을 뛰어넘은 사랑의 결실로 태어난 이러한 종간잡종 개체는 대개 자손을 남기지 못하고, 자손을 남긴다 해도 이미 환경에 적응해 살아남은 부모종에 비해 대개 적응력이 떨어져 쉽게 사라지고는 한다. 다프네섬 종간 짝짓기로 태어난 잡종 핀치는 운이 좋았다. 기존의 토착종이 먹기 어려운 딱딱한 열매를 먹을 수 있는 큰 부리를 외래종 아빠에게서 물려받은 거다. 또, 새로 태어난 잡종 핀치는 몸의 크기나 노랫소리가 토착 핀치와 확연히 달라 근친끼리만 주로 짝짓기를 하게 되었다. 결과는? 딱 3세대 만의 신종 핀치의 등장이다. 현재 이 신종 핀치는 6세대까지 번식을 이어가고 있다 한다.

이번 연구는 종간 짝짓기에 의해 엄청나게 빠른 속도로 새로운 종이 등장할 수 있다는 것을 알려주었다. 새로운 종의 출현은 오래된 화석 기록에서만 볼 수 있는 것이 아니라, 어쩌면 매일매일 우리 코앞에서 연속적으로 벌어지고 있는 과정일지도 모른다.

사실 이 연구가 내게 놀라움을 준 이유는 더 있다. 어떻게 이런 연구가 가능했을까 경탄하지 않을 수 없다. 연구를 주도한 프린스턴 대학교의 진화생물학자 그랜트 부부는 다프네 섬 핀치에 대해 벌써 수십 년째 연구를 계속하고 있다 한다. 새로 온 딱 한 마리의 핀치를 발견해 토착종과 다르다는 것을 한눈에 알아차리려면 장기간의 연구가 필수적이다. 우리나라에서도 이런 연구가 가능할 수 있을까. 내 답은 부정적이다. 물론 경제발전에 직접적인 도움을 줄 수 있는 연구도 필요하다. 하지만 연구 결과가 경제발전에 도움이 될지 아닐지 가늠하기 어렵고 1년에 출판한 논문이 몇 편인지로 가치를 재단할 수 없는 기초연구도 있다. 지금 소개한 신종 핀치 연구가 바로 이런 연구다. 어떤 연구는 장기간의 '묻어두는 투자'가 필요하다.

3부

뇌과학과
인공지능
훑어보기

짧은 시간을 길게 사는 법

재밌는 영화를 볼 때는 한 시간이 잠깐이고, 추위에 떨며 버스를 기다릴 때는 잠깐도 한 시간 같다. 라면 물도 계속 바라보면 오래 기다려도 끓지 않고, 배고파 끓인 라면을 먹는 시간은 또 순식간이다. 우리가 경험으로 측정하는 시간의 흐름은 고무줄 같다. 스톱워치로 재듯이 객관적인 방법으로 측정하는 물리학의 시간 얘기가 아니다. 우리가 주관적으로 느끼는 시간의 흐름에 대한 이야기다. 물리학에서도 시간은 여전히 미스터리이지만, 우리가 느끼는 심리적 시간도 온통 오리무중이다.

과학의 역사에서 여러 번 이름이 등장하는 갈릴레오가 한 재밌는 실험이 있다. 멀리 떨어진 두 산에 각각 오른 두 사람이 손에 든 램프 뚜껑을 여닫아 신호를 보낸다. 캄캄한 밤,

신호를 보내고 받을 때까지의 시간을 측정하면 두 산 사이 거리를 이용해 빛의 속도를 잴 수 있다. 이 실험에서 갈릴레오는 빛의 속도를 정량적으로 구하지는 못했다. 하지만 이 방법으로는 도저히 잴 수 없을 만큼 빛이 빠르다는 명확한 결과를 얻었다. 갈릴레오는 이 실험에서 어떻게 시간을 쟀을까? 갈릴레오는 또, 길이가 같은 진자는 진폭과 매단 물체의 질량과 무관하게 같은 주기로 왕복 운동한다는 진자의 등시성^{等時性}을 발견하기도 했다. 진자시계의 원리를 발견한 유명한 실험이다. 진자시계가 만들어지기 전 갈릴레오가 시계를 이용해 진자실험을 했을 리는 없다. 두 실험 모두 갈릴레오는 자신의 맥박으로 시간을 쟀다. 진자시계는 갈릴레오의 심장이 만들었다. 요즘 우리는 시계로 맥박을 재지만, 갈릴레오는 맥박이 시계였던 셈이다. 우리가 사용하는 시계나 갈릴레오의 맥박이나, 정확도는 달라도 분명한 공통점이 있다. 우리는 사건의 반복으로 시간을 잰다. 사건 없이 시간을 잴 수는 없다.

우리 밖에서 일어나는 모든 사건은 여러 감각을 통해 결국 뇌로 전달된다. 우리는 사건으로 시간을 재지만, 결국은 뇌가 시간을 재는 셈이다. 그렇다면 우리 뇌는 어떻게 시간의 흐름을 재는 걸까? 철학자 칸트는 뉴턴 역학의 시공간 개념을 바탕으로 흥미로운 주장을 했다. 시간과 공간 모두 감각의 직관적 형식이라고 말했다. 시공간은 사건 자체가 아닌, 사건을 우리가 감각할 때 이용하는 어떤 틀이라는 얘기다. 칸트는 또,

공간은 감각의 외적外的 형식으로, 그리고 시간은 감각의 내적內的 형식으로 둘을 구분했다. 칸트의 주장은 현대 뇌과학 연구로 밝혀지고 있는 결과와 비슷한 면이 있다. 시간은 밖이 아닌 우리의 딱딱한 두개골 안 말랑말랑한 뇌 안에서 벌어지는, 고무줄같이 줄었다 늘었다 할 수 있는 어떤 현상이고, 우리는 이런 내적 경험을 바탕으로 시간을 잰다.

긴 진화 과정을 통해 이루어진 우리 인간의 뇌가 어떤 사건을 더 중요한 경험으로 파악할지는 짐작할 수 있다. 바로 우리 생존에 더 중요한 사건이다. 무표정 얼굴이 아닌 화난 얼굴을 보면 우리는 시간을 더 길게 경험한다. 위험을 인식할 때 시간이 더디게 흐르는 것으로 느낀다. 생사의 기로에 놓인 위험한 순간, 순간을 영원으로 느끼는 이유다. 몇 초 안 되는 짧은 시간에 지금까지의 삶 전체가 눈앞에서 파노라마처럼 펼쳐지는 경험을 한 사람이 많다. 실수로 팔꿈치로 밀어 테이블 위 와인 잔이 바닥으로 떨어진 적이 있는데, 어떻게든 도중에 잡으려 애쓸 때 나도 시간지연효과를 경험했다. 움직이는 물체의 상대론적 시간지연은 우리가 측정해 잴 수 있는 객관적 물리현상이지만, 우리 일상의 시간지연효과는 모두가 겪는 주관적 경험이다.

시간의 흐름을 우리 뇌가 어떻게 파악하는지에 관한 흥미로운 연구들이 뇌과학 분야에서 진행 중이다. 우리 뇌의 강화학습reinforcement learning에 관여하는 신경전달물질의 하나인 도파민이 우리의 시간 인식에도 중요한 역할을 한다는 연구 결과도 있다.[•] 도파민 분비가 늘어나면 째깍째깍 뇌 안의 초침이 빨리 간다. 객관적인 시간 1초에 10번 째깍하던 뇌 내부 시계 메커니즘이 도파민이 분비되면 1초에 20번 째깍하는 식이다. 그리고 우리 뇌는 객관적인 시간 1초가 아니라, 20번 째깍거림의 내적 경험으로 시간을 잰다. 이는 도파민 분비 전 2초의 시간에 해당해, 우리는 시간이 두 배 더디게 흐르는 것으로 느끼게 된다.

우리 뇌는 미래를 먼저 예측하고, 현실로 도래한 실제의 경험과 예측을 비교한다. 만약 경험의 크기가 예측보다 더 크면 도파민이 분비되고, 우리는 이 행동을 이후에 더 강화한다는 것이 강화학습의 메커니즘이다. 우리 뇌가 경험의 강도 자체가 아닌, 예측과 경험의 차이를 이용한다는 것이 중요하다. 강한 경험이라도 여러 번 반복하면, 그에 맞게 예측이 조정되어 결국 예측과 경험의 차이가 줄어든다. 우리가 끊임없이 새로운 경험과 더 큰 자극을 갈구하는 이유다. 도파민과 강화학습의 메커니즘은 잘 알려져 있지만, 최근 뇌과학 연구는 같은 메커니즘이 우리 뇌의 주관적 시간 인식에도 마찬가지로 중요한 역할을 한다는 결과를 얻고 있다. 독자도 생각해보라. 예

• https://www.quantamagazine.org/reasons-revealed-for-the-brains-elastic-sense-of-time-20200924.

측과 경험은 같은 시간에 일어나지 않는다. 경험의 시점에서 돌아보면 예측의 시점은 늘 과거다. 예측의 시점과 경험의 시점이 달라 강화학습도 결국은 서로 다른 두 시간의 비교로 이루어진다는 것을 생각하면, 강화학습과 시간 인식이 비슷한 방식으로 우리 뇌에서 작동한다는 것은 고개를 끄덕일 만한 연구 결과다.

우리에게 주어진 객관적인 시간의 양은 누구에게나 정확히 같다. 하지만 우리 각자가 주어진 시간을 늘려 더 충실하게 삶을 이어가는 방법이 있다. 재밌게 살면 된다. 새로운 곳에서 짧고 멋진 여행을 하고 돌아와 돌이켜보면 그 멋진 경험이 긴 시간으로 느껴지는 것처럼 말이다. 최근의 뇌과학 연구로 이 말을 조금 바꿔볼 수 있다. 뇌 안의 째깍거림을 빨리하는 방법이다. 기대했던 것보다 더 재밌게 살자. 재밌게 사는 방법도 여러 가지다. 내일은 오늘과는 다른 방법으로 재미를 찾자. 우리 뇌가 예측할 수 없어 매일 깜짝 놀라게. 늘 다르게.

내가 듣는 '내 목소리'는
왜 다를까?

녹음된 목소리를 들으면 내 목소리 같지 않다. 모두가 경험하는 일이다. 반면 다른 사람의 목소리는 내 귀로 바로 앞에서 듣나, 녹음된 목소리를 듣나 크게 다르지 않다. 내가 듣는 내 목소리는 다른 이가 듣는 내 목소리와 다르다는 얘기다. 녹음된 자신의 목소리는 왜 낯설게 들릴까?

내 몸 자체의 정보를 인식하는 것은 나와 무관하게 외부에서 생성되어 들어온 정보를 인식하는 것과 묘하게 다르다. 동의하지 않는 독자라면 자기 겨드랑이를 손으로 간지럽혀보라. 자신을 간지럽히며 깔깔 웃기란 여간해선 어렵다. 우리가 몸을 움직일 때 우리 뇌는 먼저 예상을 형성한다. 그리고 실제로 들어온 감각 정보에서 예상 감각을 뺀 차이를 감각 경험으로 생성한다. 자신을 간지럽힌다는 것을 알고 있는 뇌는, 실제로 입력되는 겨드랑이의 간지러운 감각 정보를 다른 이가 간지럽힐 때보다 크게 줄여서 인식하게 된다.

비슷한 사례가 많다. 이긴 사람이 진 사람 손목을 손가락으로 때리는 벌칙 게임을 젊어서 자주 했다. 해본 사람이라면 많은 이가 아마도 동의할 텐데, 친구가 내 손목을 나보다 더 세게 때린다고 느낄 때가 많다. 난 살살 때렸는데 친구가 더 세게 때린다고 느끼니, 게임이 이어지면서 때리는 강도가 점점 세어지고, 결국 두 사람 모두 이를 악물고 힘껏 상대 손목을 내려치게 된다. 빨갛게 물든 손목을 감싸고 친구를 야속해하며 게임을 끝낼 때가 많았다. 이것도 마찬가지다. 친구의 손가락이 내 손목에 닿을 때 내 뇌가 느끼는 강도는 친구가 느끼는 강도보다 크다. 친구가 때릴 때는 내 뇌가 예상 감각을 형성하지 않기 때문이다. 그렇다면 녹음된 목소리가 내 목소리와 다르다고 느끼는 것은 어떻게 설명할 수 있을까?

지금부터 소개할 논문(DOI: 10.1098/rsos.221561)이 바로 이 주제를 담고 있다. 내가 좋아하는 연구들에는 공통점이 있다. 논문을 읽고 나서, "아, 나도 이런 생각할 수 있었는데" 하는 아쉬움이 떠오르는 연구가 재밌고 좋다. 이 논문도 그랬다. 간단하지만 명쾌한 아이디어를 가지고 누구나 떠올릴 수 있을 법한 실험을 진행해 명확한 결론을 얻은 논문이다.

내가 목소리를 낼 때 내가 인식하는 소리는 귀의 고막 밖에서 공기의 진동으로만 전달되는 것은 아니다. 성대의 떨림이 전달되어 내 머리뼈도 떨리고, 이 머리뼈의 진동도 내가 듣는 내 목소리의 인식 경험에 일조한다. 높은 진동수의 소리보다 낮은 진동수의 소리를 더 잘 전달하는 우리 머리뼈는 일종의 '로-패스 필터low-pass filter'로 작동한다. 말할 때 내가 듣는 내 목소리는 다른 이가 듣는 내 목소리보다 저음이라는 얘기다. 그렇다면 목소리를 녹음해 저음 변조를 거쳐 들려주면 어떨까? 이 경우에도 자기 목소리의 인식률이 명확히 높아지지는 않는다고 논문 저자들은 말한다. 내가 나로 인식하는 내가 듣는 내 목소리가 단지 목소리의 진동수 패턴으로만 결정되는 것은 아니라는 뜻이다.

저자들의 아이디어가 참 좋았다. 자기 목소리를 인식하는 과정을 이해하기 위한 실험으로 정말로 머리뼈를 진동시키자는 얘기다. 어떻게? 바로 시중에서 쉽게 구입할 수 있는 골전도 헤드폰을 이용하는 거다. 먼저 실험 참가자 각자의 '아' 소리를 녹음하고는 목소리의 크기와 지속시간을 표준화하고 프로그램으로 배경 소음을 줄인다. 그러고는 참가자 A의 목소리를 A가 모르는 사람 B의 목소리와 비율을 바꿔가며(15, 20, 45, 55, 70, 85%) 섞는다. A의 목소리가 더 많이 들어 있을수록 A가 자기 목소리로 인식할 확률이 커지게 된다.

논문 연구자들은 16명의 사람에게 준비한 소리를 들려주면서 각자의 자기 목소리 인식률을 측정했다. 실험 참가자에게 고막을 울리는 보통 헤드폰과 골전도 헤드폰을 모두 착용하도록 하고는 둘 중 하나의 헤드폰으로만 소리를 들려주었다. 실험 결과는 명확했다. 골전도 헤드폰으로 소리를 들려줄 때가 보통의 고막 진동 헤드폰으로 들려줄 때보다 자기 목소리의 인식률이 더 높았다. 내가 듣는 내 목소리의 인식에는 음성의 진동수 패턴뿐 아니라 실제 머리뼈의 역학적 진동 등의 요인이 함께 기여한다는 결과다.

우리가 가장 자주 접하는 목소리는 바로 자신의 목소리다. 내게 가장 익숙한 목소리가 바로 내 목소리라는 얘기다. 골전도 헤드폰과 보통의 고막 진동 헤드폰 사이의 인식률 차이가 목소리의 익숙함에서 비롯된 것인지를 살피는 실험도 논문 저자들은 진행했다. A가 잘 알고 있는 사람 B의 익숙한 목소리와 제3자 C의 목소리를, 첫 번째 실험과 마찬가지 방법으로 섞어 A에게 들려주면서 친구 B의 목소리 인식률을 측정했다. 이 실험에서는 골전도 헤드폰이라고 해서 인식률이 고막 진동 헤드폰보다 유의미하게 높아지지는 않는다는 결과를 얻었다. 목소리의 친숙도가 아니라 머리뼈의 진동 자체가 내 목소리라는 느낌을 형성하는 데 중요한 역할을 한다는 결론이다.

조현병 환자 중에는 '환청hearing voice'으로 고통받는 사람들이 있다. '경계성(경계선) 인격 장애borderline personality disorder' 환자 중에 자신의 목소리를 타인의 목소리로, 그리고 타인의 목소리를 자신의 목소리로 오해하는 환자도 있다고 한다. 방금 소개한 논문의 연구 결과가 이런 정신 질환의 진단 방법으로 이용될 수도 있다고 저자들은 제안한다. 이러한 응용의 가능성을 넘어서 논문에서 추구하는 질문은 무척 심오하다. 나를 나로 인식하는 자기 인식이 사실 상당히 복잡한 과정이라는 것이 이 논문의 중요한 결과다. 골전도 헤드폰을 통하면 내 목소리의 인식률이 높아진다는 연구 결과는, 내 목소리의 자기 인식이 단순한 음성정보뿐 아니라 내 머리 전체의 떨림에 대한 감각 정보의 처리에도 크게 영향을 받는다는 것을 알려준다. 하지만 여전히 '어떻게'와 '왜'의 질문에 대한 답을 추구하는 연구는 필요해 보인다.

나라는 자의식이 형성되는 메커니즘에 대한 과학 연구는 앞으로도 계속 이어질 것이 분명하다. 자의식의 형성에 우리 자신의 물리적인 몸이 중요한 역할을 한다고 주장하는 뇌과학자가 많다. 이를 '체화된 인지embodied cognition'라고 한다. 조금 전 소개한 연구는 목소리의 자기 인식에 국한된 것이지만, 나를 나로 인식하는 데 있어서 우리 자신의 몸에서 일어나는 여러 물리적인 과정이 중요한 역할을 한다는 것을 보여준다. 시중에서 쉽게 구매할 수 있는 골전도 헤드폰으로 내가 나를 인식하는 과정을 연구한 멋진 논문이다.

인공지능과 신경과학

사람의 뇌에는 전기적인 형태로 정보를 처리하는 무려 1000억 개 정도의 신경세포가 있다. 신경세포는 안의 전압이 밖보다 더 낮아 전위차가 음(-)의 값을 갖는 상태를 보통 유지하고 있다. 자신과 연결된 여러 다른 신경세포로부터 들어오는 전기 신호의 합이 충분히 세지면 전위차는 갑자기 양(+)의 값으로 치솟고 잠시 뒤 다시 평상시의 음의 전위차로 돌아온다. 전위차가 짧은 시간 오르고 내리면 신경세포가 발화fire했다고 하는데, 우리 뇌는 복잡하게 서로 연결된 수많은 신경세포의 발화를 통해 정보를 처리한다. 이처럼 뇌의 모든 정보처리가 결국 신경세포의 발화로 환원될 수 있다는 것은 분명히 잘 알고 있지만, 신경세포의 발화패턴으로 뇌가 지금 무슨 생각을 떠올리는지를 알아내기는 여전히 무척 어렵다. 기본입자들의 상호작용을 잘 알고 있다고 해도 방금 던진 주사위에서 어떤 눈이 나올지 예측할 수 없는 물리학과 크게 다르지 않은 상황이다. 구성요소로 환원해 이해했다고 전체를 이해한 것은 아니지만, 뇌에서 거시적으로 일어나는 정보처리가 신경세포라는 미시적 수준에서 어떻게 구현되는지 살펴보는 것은 뇌의 작동방식을 이해하는 데 도움이 될 수 있다.

　　팽팽히 활줄을 당겨 긴장 상태를 유지하다가 손을 놓아 화살을 발사fire하는 모습을 떠올려보라. 화살을 쏘려면 줄 당긴 활의 상태를 유지하는 데에 큰 에너지가 필요하다. 막상 화살을 발사할 때는 에너지가 거의 필요하지 않다. 우리 뇌의 신경세포도 마찬가지다. 안팎의 전위차가 보통의 상태에서는 0보다 작으니 신경세포 밖의 양이온은 안으로 들어오려고 한다. 양전하는 전위가 높은 쪽에서 낮은 쪽으로 이동하는 것이 에너지가 낮아지는 방향이라 그렇다. 신경세포의 세포막에는 들어온 양이온을 계속 밖으로 퍼내는 이온펌프가 있다. 자꾸 아래로 고이는 물을 전기에너지를 이용해 밖으로 퍼내는 물펌프 같은 역할을 한다. 만약 신경세포가 죽어서 이온펌프가 작동하지 않으면 밖에서 안으로 밀려들어온 양이온으로 신경세포 안의 전위가 점점 높아지고, 결국 안팎의 전위차가 0이 되는 평형상태에 도달한다. 살아서 작동하는 신경세포는 전위차를 음의 값으로 유지하기 위해 계속해서 이온펌프를 작동해 큰 에너지를 사용하고 있다. 신경세포의 발화로 우리 뇌가 정보를 처리한다는 것을 생각하면, 우리 뇌는 아무것도 안 하는 신경세포의 긴장 상태를 유지하기 위해 안간힘을 쓰고 있는 셈이다. 공부하나 멍 때리나, 우리 뇌가 소비하는 에너지는 실제로도 많이 다르지 않다. 화살을 쏘지 않고 활줄을 당기고만 있어도 힘이 드는 것과 마찬가지다.

신경세포는 출력을 담당하는 긴 가지인 축삭axon을 통해 다른 신경세포로 전기신호를 전달하고, 나뭇가지처럼 생긴 가지돌기dendrite를 통해 여러 다른 신경세포로부터 전기신호를 입력으로 전달받는다. 가지돌기의 끝은 다른 신경세포의 축삭의 끝과 시냅스synapse라 불리는 구조를 통해 연결되어 있다. 시냅스의 앞쪽, 시냅스 이전 신경세포 축삭의 말단에 있는 작은 주머니에서 축삭을 통해 전달된 전기신호의 영향으로 신경전달물질이 방출된다. 시냅스 틈으로 방출된 신경전달물질은 확산과정을 통해 좁은 시냅스 틈을 저절로 건너 시냅스의 다른 쪽인 수상돌기 쪽 세포막에 있는 수용체에 결합한다. 시냅스 이전 신경세포가 시냅스를 통해 시냅스 이후 신경세포로 정보를 전달하는 과정이 이어지며 우리 뇌는 정보를 처리한다.

신경과학 분야에는 "Fire together, wire together"라는 얘기가 있다. 함께 발화fire하는 신경세포는 더 강하게 연결wire된다는 얘기를 두 영어 단어 'fire'와 'wire'의 운을 맞춰 적은 재밌는 표현이다. 1949년 캐나다의 신경심리학자 도널드 헤

브가 밝힌, 실험으로도 확인된 신경세포의 학습 과정이다. 결국, 우리의 뇌가 무언가를 학습한다는 것은 미시적으로는 신경세포의 시냅스 연결 강도의 변화를 통해 이루어진다.

서로서로 연결된 시냅스의 연결패턴 전체를 커넥톰 connectome이라 한다. 물리학자로 경력을 시작해 현재는 신경과학자로 더 유명한 세바스찬 승Sebastian Seung은 "나는 나의 커넥톰이다.I am my connectome"라고 했다. 우리 각자가 가진 모든 기억과 정보가 결국 커넥톰으로 환원될 수 있다는, 과감하지만 흥미로운 주장이다. 나의 뇌 안 엄청난 숫자의 신경세포들이 서로 연결된 패턴이 바로 나다. 나의 생각도, 감정도, 그리고 기억도 모두 커넥톰으로 구현된다.

우리의 뇌 안 신경세포가 어떻게 작동하는지에 대한 이해에 바탕하여 1943년 맥클럭-피츠 모형이 제안되었다. 발화하고 있는 신경세포의 상태를 1로, 발화하지 않고 음의 전위차를 유지하는 평상시의 상태를 0이라고 하자. 신경세포 하나에는 여러 가지돌기가 있고, 각각의 가지돌기 끝에 놓인 시냅스를 통해 여러 다른 신경세포가 뻗은 축삭으로부터 정보가 전달된다. 입력 쪽의 여러 신경세포 하나하나의 상태도 0 또는 1의 값으로 기술될 수 있다. 하지만 입력 쪽 신경세포의 상태가 그 입력을 받아들이는 신경세포에 모두 똑같은 정도로 영향을 미치지는 않는다. 가지돌기의 끝마다 놓인 여러 시냅스는 그 강도가 다를 수 있기 때문이다. 맥클럭-피츠 모형은 각 신경세포에서 전달된 정보를 그 신경세포와 연결되어 있는 시냅스의 강도에 곱하고 이를 모두 더한 양이 충분히 클 때에만 모든 입력을 받아들인 신경세포가 발화한다고 설명한다. 네트워크의 형태로 복잡하게 서로 연결된 시냅스 연결의 강도를 행렬로 표현하고, 각각의 신경세포의 상태를 모두 모아 벡터로 적자. 또, 입력의 총합이 충분히 클 때만 신경세포가 발화한다는 것은 계단 모양의 함수로 표현하면, 위에서 길게 적은 내용을 딱 하나의 수식으로 적을 수 있다. 과학자들이 수식을 좋아하는 이유다. $S_i(t+1) = \Theta[\sum_j W_{ij} S_j(t) - b_i]$.

요즘의 인공지능도 맥컬럭-피츠 모형과 거의 비슷하게 작동하는 많은 인공 신경세포의 네트워크로 구현된다.

인공지능 신경망

우리 뇌는 수많은 신경세포의 발화로 정보를 처리한다. 신경세포가 어떤 방식으로 연결되어 어떻게 서로 전기신호를 주고받는지에 대한 신경과학의 오랜 연구 성과가 요즘 큰 관심을 끌고 있는 인공지능의 발전을 꾸준히 견인해왔다. 최근의 인공지능은 서로 복잡하게 연결되어 있는 신경세포를 컴퓨터를 이용해 프로그램으로 구현하는 방식을 따른다. 여러 점(노드 node)을 선(링크 link)으로 얼키설키 복잡하게 이은 것이 연결망 network이다. 신경세포 하나하나는 연결망의 노드에, 두 신경세포 사이의 시냅스 연결은 연결망의 링크에 해당한다. 각각의 시냅스 연결이 얼마나 강한지는 링크에 부여된 가중치 weight로 표현되어서, 인공지능 신경망 안의 모든 연결은 방향과 가중치가 있는 연결망 directed and weighted network 으로 구현된다. 실제의 신경세포가 시냅스 연결을 통해 정보를 교환한다면, 인공지능의 인공신경세포 노드는 행렬의 가중치를 통해 정보를 주고받는다.

앞에서 신경세포 하나의 발화를 기술하는 간단한 수학 모형인 맥클럭-피츠 모형을 소개했다. 신경세포 하나에는 입력 쪽 여러 신경세포의 발화 정보가 시냅스 연결의 강도를 반영해 들어오는데, 이를 모두 더한 값이 신경세포의 발화 문턱값보다 크면 신경세포가 발화한다는 모형이다. 맥클럭-피츠 모형의 신경세포 작동방식을 현재의 인공지능 신경망이 정확히 똑같이 따르는 것은 아니다. 모 아니면 도처럼, 문턱값보다 입력의 총합이 더 큰지 작은지에 따라 계단 모양으로 0 또는 1, 딱 두 종류의 출력을 만드는 맥클럭-피츠 모형의 방식을 일반화해서, 인공신경세포 노드의 상태를 표시하는 값이 연속적으로 변할 수 있는 방식을 이용한다. 출력 노드의 활성을 정해주는 함수를 활성화 함수activation function라 부른다. 맥클럭-피츠 모형의 활성화함수가 계단 모양이라면, 요즘의 인공지능은 다양한 형태의 활성화함수를 상황에 따라 적절히 선택해 이용한다.

다른 차이도 있다. 입력과 출력의 두 그룹으로 인공신경세포를 구분하지 않는 맥클럭-피츠 모형과 달리, 요즘 대개의 인공신경망은 정보의 흐름이 입력 층에서 출력 층의 방향으로 한쪽으로 흐르는 구조를 널리 이용한다. 맥클럭-피츠 모형의 신경세포가 따르는 수식과 요즘 인공신경망의 노드가 따르는 수식은 각각 다음과 같다. 거의 같은 꼴이다.

$$S_i(t+1) = \Theta[\sum_j W_{ij}S_j(t) - b_i], \; y_i = f[\sum_j W_{ij}x_j + b_i]$$

요즘 인공지능의 눈부신 성취는 과거 발전을 가로막고 있던 문제를 해결한 결정적 돌파구의 발견으로 가능해진 일이다. 가장 중요한 연구 결과로 꼽을 수 있는 것이 둘 있다. 입력 층과 출력 층 사이에 숨겨진 은닉 층을 추가하면 인공지능이 일반적인 문제를 해결할 수 있다는 다층 신경망 구조의 발견, 그리고 이렇게 여러 층으로 이루어진 인공신경망 전체를 원하는 결과가 나오도록 가르치는 역전파^{back propagation} 학습의 발견이다. 요즘 각광받고 있는 딥러닝의 성공은 이에 더해서, 효율적인 학습이 가능한 활성화함수를 발견한 것, 그리고 빠르게 발전한 컴퓨터와 데이터처리 기술 덕분이다. 다층 연결망의 역전파 학습을 알아내지 못했다면 현재의 딥러닝도 불가능했다.

인공신경망의 학습 과정을 두 부분으로 나눌 수 있다. 먼저, 입력 층에서 은닉 층을 거쳐 출력 층을 향하는 순방향^{forward}의 정보 전달이다. 한 층에서 다음 층으로 정보가 전달될 때는 두 층을 연결하는 행렬을 이용한다. 순방향의 정보 전달로 마지막 출력 층에서 신경망이 최종적으로 출력한 정보가 우리가 원하는 정답 정보와 얼마나 다른지, 둘 사이의 차이인 오차를 측정할 수 있다. 실제 뇌의 학습이 신경세포 사이의 시냅스 연결 강도의 변화로 이루어지듯이, 인공신경망의 학습도 여러 층을 연결하는 여러 가중치 행렬 요소의 값을 조정하는 것으로 구현된다. 역전파 학습의 두 번째 단계에서는, 출력층의 오차를 줄이는 방향으로 출력 층 바로 앞 은닉 층 사이의 가중치 행렬을 조절하고, 그다음에는 연이어 그 앞 은닉 층을 연결하는 행렬의 가중치를 조절하는 방식을 이용하게 된다. 즉, 순방향 정보 전달이 n번째 층에서 $n+1$번째 층으로의 방향이라면, 학습의 과정에서는 n번째 층에서 $n-1$번째 층 방향으로 오차가 거꾸로 연이어 전달된다. 정보는 순방향으로, 오차는 역방향으로 흐른다는 말이다. 이 방법을 역전파 학습이라고 부르는 이유다. 왜 하필 신경망의 학습이 이처럼 역방향으로 일어나는지는 고등학교에서도 배우는 미분의 연쇄법칙을 적용해보면 쉽게 이해할 수 있다. 행렬과 벡터, 그리고 함수와 미분만 알아도 현대 인공신경망이 작동하는 대강의 얼개를 이해할 수 있다.

지금까지 오랜 동안 신경과학에서 뇌의 작동방식을 배

- $y = f(x)$, $z = g(y)$일 때, $dz/dx = (dz/dy)(dy/dx) = g'(y)f'(x)$이다. x에서 y를 거쳐 z로 진행하는 것이 순방향이라면 미분 dz/dx를 얻는 과정은 먼저 $g'(y)$를 얻고 이어서 $f'(x)$를 얻는 역방향으로 진행된다.

워 인공지능을 구현할 수 있게 되었지만, 요즘 구현되는 인공지능은 실제 뇌의 작동방식을 정확히 따르는 것이 아니다. 특히 문제가 되는 것이 바로 인공신경망 학습의 역전파 과정이다. 입력 층, 은닉 층, 출력 층으로 뚜렷이 구분하기 어려운 현실의 뇌는 정보의 전달 방식도 이제 다층 인공신경망과 다르며, 우리 사람의 뇌가 오류의 역전파를 이용해서 전역적全域的으로 시냅스 연결 강도를 조정하고 있을 리가 없다. 신경과학에서 출발해 놀랍게 발전한 인공신경망의 구현 방식이 이제는 더 이상 현실의 뇌를 닮지 않은 시점에 이미 도달했다. 둘의 차이가 실재하며, 굳이 인공지능의 현재 작동방식이 지구 위 현실 생명체의 뇌가 작동하는 방식을 닮을 필요는 전혀 없다는 이야기도 가능하다. 하지만 다른 가능성도 있다. 살아 있는 뇌와 실리콘 칩으로 구현된 인공 뇌가 보여주는 지금의 차이는 어쩌면 우리가 아직 우리 머릿속 뇌의 작동을 제대로 이해하지 못하고 있기 때문일 수도 있다.

인공지능으로 이해하는 뇌˙

인공지능의 눈부신 발전은 뇌의 작동방식에 대한 신경과학의
연구 성과에서 큰 도움을 받았음을 앞 글에서 살펴보았다. 신
경세포가 다른 신경세포와 어떻게 정보를 주고받는지, 그리고
시냅스 연결 강도의 변화로 학습이 어떻게 구현되는지에 대
한 신경과학의 지식으로 인공지능을 구현할 수 있게 되었다.
입력 층에서 출력 층 방향으로의 순방향 정보 전달은 인공지
능이나 뇌나 거의 비슷한 방식으로 이루어질 수 있다. 하지만
그 반대 방향으로 오류 정보가 전달되며 이루어지는 인공지

•   이 글을 쓰면서 〈콴타 매거진〉의 다음 기사를 참고했음을 밝힌다. https://
    www.quantamagazine.org/artificial-neural-nets-finally-yield-clues-
    to-how-brains-learn-20210218.

능의 역전파 학습을 살아 있는 뇌가 같은 방식으로 이용하고 있을 리는 없다는 것이 많은 과학자의 확신이다.

역전파 학습의 첫 번째 문제는 바로, 실제 신경세포 사이의 정보 전달이 방향성을 가지고 있다는 데 있다. 입력 층에서 출력 층으로 정보가 전달되는 것은 아무런 문제가 없지만, 출력 층의 신경세포에서 입력 층의 신경세포로 오류 정보가 전달되기는 살아 있는 뇌에서는 어렵다. 정보는 시냅스 앞 신경세포에서 시냅스 뒤 신경세포로 전달될 수 있을 뿐, 같은 시냅스 연결을 통해서 거꾸로 정보가 전달될 수는 없기 때문이다.

다른 심각한 문제도 있다. 미분의 연쇄법칙으로 유도한 인공지능의 역전파 학습 과정의 수학적 형태를 보면, 학습 과정에 관여하는 정보가 국소적local이지 않다는 문제다. 살아 있는 뇌 안 특정한 한 시냅스 연결의 강도 변화는 그 시냅스 주변의 국소적 정보에 의해서만 이루어지리라는 것이 합리적인 추론이다. 현재 인공지능에 구현된 역전파 학습은 직접 연결되지 않은 수많은 다른 시냅스의 정보를 이용해 시냅스 하나의 강도 변화가 일어나는 형태다. 자신과 직접 연결된 가지돌기의 시냅스 연결 정보를 넘어서 저 멀리 다른 신경세포의 시냅스 정보를 신경세포가 받아들일 수 있는 생물학적 메커니즘은 전혀 존재하지 않는다. 생물학이 알려준 사실에 위배되지 않으면서도 인공지능의 역전파 학습을 대체할 수 있는 학습 방법은 어떤 것일까?

순방향 정보 전달은 기존 인공지능과 같은 방식을 따르지만, 역방향 오류 정보 전달의 단계에서는 어떤 정보도 담을 수 없는 마구잡이 시냅스 연결 행렬을 이용해도 학습이 가능하다는 것을 보인 연구가 있다. 시냅스 연결 정보의 비국소적 역방향 전달을 가정하지 않고도 인공지능을 학습시킬 수 있다는 것을 보인 흥미로운 결과다. 내부의 노드들이 서로 양방향으로 정보를 주고받을 수 있도록 순환 연결망recurrent network을 구성하고 이를 입력 층과 출력 층에 연결한 구조를 연구한 논문도 있다. 이렇게 구성된 순환 연결망은 시간이 지나 결국 평형상태에 도달해 정보를 출력한다. 출력 정보를 정답 정보와 비교해 변형된 출력 정보를 순환 연결망에 거꾸로 다시 입력하면, 순환 연결망은 시간이 지나 또 다른 평형상태에 도달하게 된다. 이 과정을 여러 번 반복하면, 효율은 역전파 학습에 미치지 못해도 인공지능을 학습시키는 것이 가능하다는 것을 밝힌 연구다.

뇌는 미래를 예측하고 예측에 기반해 현재 상태를 수정하는 활동을 끊임없이 이어가고 있다. 우리 뇌는 기대하는 결과를 가지고 미리 입력 정보를 예측하는 과정을 통해 정보를 효율적으로 처리하기도 한다. 보고 나서 아는 것도 많지만, 알아야 보이는 것도 많다는 이야기와 비슷하다. 예측 코딩predictive coding이라 불리는 최근 제안된 인공지능 분야의 학습도 비슷한 방식을 활용한다. 입력에서 출력 층의 방향으로 여러 은닉 층을 거쳐서 정보가 전달되는 것은 표준적인 인공지능 신경망과 마찬가지이지만, $n+1$번째 층이 n번째 층에 기대하는 입력을 실제 n번째 층의 정보와 비교하는 방식을 이용한다는 것이 다른 점이다. 오류 정보가 역방향으로 전달된다는 점은 표준적인 역전파 학습과 다르지 않지만, 인접한 두 층의 정보에만 오류의 값이 의존해 국소적인 정보만을 이용한다는 면에서 생물학적 개연성이 있는 학습 방법이다.

대뇌피질에 가장 많이 들어 있는 신경세포가 바로 피라미드 신경세포다. 피라미드 신경세포에는 두 종류의 가지돌기가 있다. 똑바로 선 피라미드를 옆에서 본 삼각형을 떠올려보라. 피라미드 신경세포는 하늘을 향한 꼭짓점에서 뻗은 가지돌기와 지면에 놓인 두 꼭짓점에서 옆으로 뻗은 가지돌기를 통해 서로 성격이 다른 입력 정보를 받아들인다고 한다. 한편, 표준적인 인공지능에 널리 이용되는 인공 신경세포가 여러 시냅스 연결을 통해 받아들이는 입력 정보는 질적으로 다른 정보가 아니다. 실제의 뇌 피질에 많이 존재하는 피라미드 신경세포의 구조에 착안해 인공신경망의 노드가 질적으로 다른 종류의 입력을 받아들이는 방식으로 인공지능을 확장하는 시도가 이루어지고 있다. 표준적인 인공신경망에서는 순방향의 정보 전달과 역방향의 오류 전달이 같은 시냅스 연결 행렬 W로 이루어진다. 피라미드 신경세포의 구조에 착안한 새로운 방식에서는 순방향 정보 전달은 행렬 W_1으로, 오류의 역방향 전달은 행렬 W_2로 이루어지게 된다.

현재 역전파 학습의 생물학적 비현실성을 극복하면서도 이에 필적하는 학습 효율을 보일 수 있는 여러 연구가 활발히 진행되고 있다. 인공지능의 전문가라고 할 수 없는 내 입장에서도 무척이나 흥미진진한 연구들이다. 과연 우리 뇌의 학습은 어떤 방식으로 이루어지는 것일까? 뇌의 작동방식으로부터 배워 인공지능을 만든 인간이 이제는 인공지능으로부터 우리 뇌에 대해 물을 수 있는 새로운 질문을 배운 셈이다. 어쩌면 이렇게 이어진 고민으로 더 잘 알게 된 우리의 뇌로부터 미래의 인공지능을 더 발전시킬 수 있는 지식이 탄생할 여지도 있다. 살아 있는 뇌와 인공지능이 서로 상대를 배워가는 재귀적 반복과정으로 수렴하게 될 미래의 인공지능은 어떤 모습일까? 뇌가 뇌로부터 배워 만든 인공뇌가 다시 알려줄 뇌의 모습이 내 뇌는 벌써 궁금하다.

인공지능이 만들
인공지능

수학의 증명방법 중 '수학적 귀납법'이라는 것이 있다. 임의의 자연수 n에 대해서 어떤 명제가 참이라는 것을 보이기 위해 고등학교 수학에서도 자주 이용한다. (1) 먼저 $n=1$일 때 명제가 참이라는 것을 보인다. (2) 다음에는 일반적인 자연수 n에 대해서 그 명제가 참이라는 것을 가정한 다음, $n+1$에 대해서도 성립함을 보인다. 조금만 생각해보면 위의 (1)과 (2)를 함께 보이는 순간, 모든 자연수 n에 대해서 이 명제가 성립하게 된다는 것을 이해할 수 있다. 증명 끝. (1)을 통해 튼튼한 바닥 위에 벽돌 한 장의 기초를 놓고, (2)를 통해 벽돌 위에 딱 한 장의 벽돌을 더 올리는 법을 알려준다. 이제 우리는 무한히 높게 벽돌을 쌓을 수 있다. 한 번에 100층의 벽돌을 쌓는 방법을 알 필요가 없다. 현재 쌓여 있는 벽돌 위에 딱 하나의 벽돌만 더 올릴 수 있어도, 1층에서 시작해, 100층, 1000층, 얼마든지 높게 벽돌을 쌓아 올릴 수 있게 된다.

생물의 진화과정도 마찬가지다. 첫 생명체가 해결한 것은 수많은 세대를 거쳐 자손을 수천 년 뒤까지 남기는 방법의 학습이 아니다. 자기로부터 시작해 딱 한 세대 아래의 자손을 남기는 방법을 배운 것이다. 이 '한 단계 나아감'의 연쇄가 결국 현재 지구 위의 수많은 생명체를 만들었다. 단세포 생물체로부터 많은 세포로 이루어진 다세포 생물체가 진화한 것도 마찬가지이리라. 두 개의 단세포 생명체가 모여서 하나의 생명체가 되는 방법을 배우면, 그다음은 일사천리다. 하나가 둘이 되는 것을 배우고 나면, 둘씩 묶인 둘이 모여 넷이 되는 것, 넷씩 묶인 둘이 모여 여덟이 되는 이후의 과정은, 둘이 모여 하나가 된 첫 단계에 비하면 훨씬 쉬웠으리라.

지구에서 우리 사람과 함께 살고 있는 동물 중에, 어떤 과업을 달성하기 위해 도구를 이용하는 동물은 많다. 나뭇가지를 이용해 벌레를 잡기도 하고, 돌로 두드려 딱딱한 껍질을 깨 열매를 먹기도 한다. 사람이 다른 동물과 다른 점은 도구를 사용한다는 것이 아니다. 사람이 다른 점은 바로 도구를 이용해 도구를 만들어 사용한다는 것이다. 수학적 귀납법의 벽돌 쌓기처럼, 도구를 이용해 도구를 만들기 시작한 순간, 도구를 이용해 만든 도구를 모아 또 다른 도구를 만드는 연쇄반응이 시작된다. 주변을 둘러보라. 우리가 일상적으로 사용하는 도구 중에는 도대체 어떻게 만들었는지 모르는 것이 정말 많다. 하지만 우리는 이 도구들을 가지고 얼마든지 다른 새로운 도구를 만들어 사용할 수 있다. 난, 사람이라는 생물종이 지구상에서 거둔 놀라운 성공은 현재 가지고 있는 도구를 이용해 새로운 도구를 만든, 그 단순하지만 놀라운 딱 한 단계에서 결국 시작되었다고 생각한다. 처음의 딱 한 단계.

이제 사람이 경험해보지 못한 새로운 단계가 시작되고 있다. 바로 인공지능의 출현이다. 도구로 도구를 만드는 연쇄 과정을 과거 수만 년 동안 이어왔지만, 과거의 모든 과정에서 도구 제작과 사용의 주체는 당연히 사람이었다. 내가 단단한 돌로 만든 석기로 무른 돌을 가공해 날카로운 돌화살촉을 만들 때, 화살촉을 만들어 사용할 주체는 도구인 석기가 아니다. 바로 사람인 '나'다. 지금까지의 인공지능의 역사를 통해, 귀납법의 '바닥에 기초 놓기'는 이미 완성되었다. 우리는 이미 사람보다 바둑을 잘 두는 인공지능을 만들었다. 이제 귀납법에서 더 중요한 단계, 즉, 인공지능이 인공지능을 만드는 단계가 다가오려 하고 있다. 인공지능이 인공지능을 자유롭게 아무런 제약 없이 만드는 첫 단계가 이루어지는 순간, 인공지능의 무한 연쇄가 시작될 수 있다. 게다가 인공지능은 자연적 제약에서 자유로워 얼마든지 짧은 시간 안에도 세대를 이어갈 수 있다. 오늘 밤 내가 평상시처럼 저녁 먹고 이야기 나누다 잠들었는데, 내일 아침에는 완전히 다른 인공지능의 새 세상에서 눈을 뜰 수도 있다. 그 세상에서도 인간이 필요할까. 사람 없는 지구도 우리가 받아들여야 할 진화의 당연한 다음 단계일까. 사람 없는 세상은 우리 사람에게 아무런 의미가 없다면, 지금 여기서 우리는 무엇을 준비해야 할까.

과학이 필요 없어지는 세계

뉴턴 역학에 따르면 물체의 미래는 완벽히 결정되어 있다. 운동법칙이 결정론적이기 때문이다. 우주가 고전역학을 따르는 입자들의 집합이라면, 내일 집을 나선 후 처음 우연히 마주칠 사람이 누구이며 내일 점심으로 고를 메뉴가 무엇일지는 이미 정해져 있다. 자유의지나 우연이라 부르는 모든 것들이 우주가 탄생하는 순간에 이미 그렇게 되도록 결정되어 있다는 상상이 가능하다. 영화 〈컨택트〉로 만들어진 테드 창의 소설 〈네 인생의 이야기〉, 히가시노 게이고의 소설 《라플라스의 마녀》의 근간을 이루는 결정론적 세계관이다.

기계적 결정론에 결정적 타격을 준 것이 카오스 이론이다. 처음 조건의 약간의 차이로 엄청나게 다른 미래가 도래할 수 있다는 결론을 준다. 결정되어 있어도 예측할 수는 없는 시스템이 도처에 만연해 있고, 결정론과 예측가능성은 다른 것이라는 통찰을 얻게 된다. 대표적인 것이 지진이나 날씨다. 다음 큰 지진이 언제 어디서 발생할지는 고전역학의 운동법칙을 따라 결정지어질 것이 분명하지만, 우리가 모든 법칙을 정확히 알게 된다고 해도, 처음 조건의 불확실성으로 정확한 미래 예측은 불가능하다. 카오스 시스템에서 얼마나 먼 미래를 예측할 수 있는지에 관련된 시간 스케일을 '랴푸노프 시간Lyapunov time'●이라 부른다. 랴푸노프 시간이 지난 후의 미래는 불확실성의 정도가 커서 예측할 수 없다고 카오스 이론은 알려준다.

2018년 출판된 흥미로운 논문(DOI: 10.1103/PhysRevLett. 120.024102)에 인공지능을 이용해 랴푸노프 시간의 8배 뒤의 미래도 예측할 수 있다는 결과가 담겼다. 이쯤의 시간에는 시스템의 불확실성이 기하급수적으로 늘어나 처음의 3000배 정도나 되어 예측이 불가능하다는 것이 카오스 이론의 결과다. 그럼에도 불구하고 예측할 수 있는 인공지능을 만들었다는 결론이다. 게다가 과거의 정보만 학습에 필요할 뿐, 이 인

● 처음 조건의 차이가 Δ_0일 때 시간(t)이 흐른 뒤의 결과의 차이 Δ_t를 $\Delta_t = \Delta_0 \exp(\lambda t)$로 적을 때 등장하는 λ를 랴푸노프 지수라고 한다. 카오스를 보여주는 시스템은 $\lambda > 0$이어서 시간이 지나면서 결과의 차이가 지수함수를 따라 급격히 늘어난다. 랴푸노프 지수의 역수가 바로 랴푸노프 시간 $T = 1/\lambda$이다. 랴푸노프 시간보다 충분히 더 긴 시간이 지나면 시스템의 미래는 정확히 예측할 수 없다.

공지능에 운동방정식을 입력할 필요도 전혀 없다. 앞으로의 발전으로 만약 랴푸노프 시간보다 100만 배 뒤의 미래를 예측할 수 있게 되면, 엄청난 응용가능성이 있다. 한 달 뒤의 날씨를 알고 싶은가? 다음 큰 지진이 어디서 생길지 알고 싶은가? 과거의 상세한 날씨와 지진 데이터를 이 미래의 인공지능에 학습시키면 된다. 지진이나 날씨를 기술하는 미분방정식을 전혀 모르는 미래의 인공지능이 정확한 예측을 할 수 있다.

놀라운 인공지능을 만들어낸 과학의 발전이 그 안에 과학의 종말의 씨앗을 이미 뿌렸다는 생각이 들었다. 자연법칙을 몰라도 정확한 예측이 가능한 미래, 이해 없는 예측이 가능한 그런 미래 말이다. 이해 없이도 작동하는 미래의 세상에서 우리는 여전히 이해를 꿈꿀까. 이해의 추구를 중단한 미래에 '앎'이 없는 '삶'은 어떤 것일까. 현대 물리학이 선물한 우주의 경이로운 이해가능성은 결국 잠깐의 백일몽인 걸까.

인공지능이 그린
'하늘을 나는 물고기'

뭉뚱그려 얘기하면, 통계물리학은 많은 구성요소들이 상호작용할 때 전체가 보여주는 특성이 어떤 것인지를 주로 연구하는 분야다. 20세기 후반 통계물리학 분야에서 인공지능에 대한 연구가 큰 관심을 끈 적이 있다. 뇌 안 시냅스라는 구조를 통해 연결된 여러 신경세포를 흉내 내는 신경과학의 단순한 이론 모형 하나가 여러 스핀들로 이루어진 물리학 모형과 동등하다는 것이 알려졌다. 막대자석과 같은 강자성체는 스핀을 가진 여러 원자들로 이루어져 있다. 자성체 모형의 스핀 사이의 상호작용을 체계적으로 조절하면, 에너지가 가장 낮은 바닥상태를 찾는 물리학의 문제가 신경과학 모형의 패턴 인식과정에 정확히 대응하게 된다. 예를 들어 A, B, C 등 여러 알파벳의 정확한 모양을 미리 인공신경망에 학습시키고, 사람마다 다른 알파벳 손 글씨를 보여주면, 이 손 글씨가 어떤 알파벳에 해당하는지를 인공신경망이 알려주는 식이다. 물리학자에게 익숙한 에너지 바닥상태를 찾는 일을 컴퓨터 프로그램이 수행하지만, 그 결과로 삐뚤삐뚤 손 글씨가 어떤 알파벳인지 알려준다. 인공지능의 과거 발전에 통계물리학이 기여한 바가 적지 않다.

요즘 인공지능의 발달은 정말 눈부시다. 하늘을 나는 물고기 그림을 만들어달라고 해도 그럴듯한 이미지를 생성하는

미드저니로 그린 하늘을 나는 물고기 그림

인공지능 프로그램도 여럿 있다. 이러한 이미지 생성 인공지능 알고리즘을 확산모형diffusion model이라 부른다. 왜 확산모형이라고 부를까?

통계물리학 분야에서 확산 현상은 널리 연구되는 주제다. 맛있는 라면 냄새가 집 한구석에서 집 안 전체로 퍼지는 것도 확산이다. 물에 작은 잉크 방울을 떨어뜨리면 확산 현상을 눈으로 직접 볼 수도 있다. 처음 작은 부피 안에 모여 있던 잉크 입자들은 시간이 지나면서 물 전체에 고르게 퍼진다. 잉크 방울 속 작은 입자 하나를 현미경으로 보고 있다고 생각해보자. 이 잉크 입자는 주변 물 분자와 끊임없이 상호작용하면서 삐뚤삐뚤 이리저리 움직인다. 바로 식물학자 로버트 브라운이 현미경으로 본 꽃가루 입자에서 관찰한 운동이다. 브라운 운동을 하는 입자를 브라운 입자라고 하고 이 입자의 운동을 기술하는 방정식을 랑주뱅 방정식이라고 한다. 브라운 입자가 느끼는 힘은 두 종류다. 먼저, 중력장 안에서 물체가 중력에 의한 퍼텐셜 에너지가 줄어드는 아래 방향으로 움직이는 것처럼, 브라운 입자도 퍼텐셜 에너지의 차이로 발생하는 힘을 느낀다. 두 번째는 브라운 입자 주변 여러 작은 분자들이 이리저리 충돌해 발생하는 마구잡이 힘이다. 온도가 올라가면 마구잡이 힘의 영향이 더 커지고, 온도가 내려가면 그 효과가 줄어든다. 아주 낮은 온도에서는 브라운 입자는 삐뚤삐뚤 움직이지 않고 퍼텐셜 에너지가 최소인 위치에 계속 머물게 된다. 주어진 온도에서 시간이 흐르면 브라운 입자는 결국 평형상태에 도달하게 되고, 평형상태에서 브라운 입자의 위치는 통계물리학의 볼츠만 확률 분포로 기술된다. 요즘 각광받고 있는 인공지능의 확산모형을 처음 제안한 과학자는 그 아이디어를 비평형통계물리학의 확산 현상에서 얻었다.

화면 위에 나란히 놓인, 각각 흰색과 빨간색인 두 점(픽셀)을 떠올려보자. 픽셀의 색은 숫자 하나로 표시할 수 있다. 1.0이면 흰색, 0.5면 빨강색, 0.0이면 검은색처럼 말이다. 첫 번째 픽셀의 색 정보를 x축으로, 두 번째 픽셀의 색 정보를 y축으로 하면, 흰색과 빨간색의 두 픽셀은 두 축을 가진 2차원 좌표평면 위에서 (1.0, 0.5)의 위치에 찍힌 한 점으로 표시된다. 만약 검은색 픽셀이 하나 더 추가되어 모두 세 개의 픽셀이 있다면 이제 (1.0, 0.5, 0.0)의 세 숫자로 적을 수 있어 3차원 공간 안에 놓인 점 하나로 전체 세 픽셀의 정보가 표현된다. 통계물리학에서는 세 픽셀의 정보가 위치로 표현되는 이런 공간을 배위공간 혹은 짜임새공간configuration space이라고 한다. 조금만 생각을 이어가면 모두 N개의 픽셀로 구성되어 있는 한 장의 사진 이미지가 있다면, 이 한 장의 이미지 전체는 N차원 배위공간 안에서 딱 하나의 위치에 찍힌 점 하나로 표현된다. 만약 100만 개의 픽셀로 구성된 이미지가 하나 있다면 이 이미지에 담긴 모든 정보는 100만 차원 공간 안에 놓인 점 하나에 대응한다. 사진 하나가 확산모형의 브라운 입자

하나다. 모나리자 그림이든 내가 찍은 풍경 사진이든, 사진 한 장에 점 하나.

인공지능의 확산모형에서는 하나가 아닌 많은 수의 이미지를 학습 데이터로 이용한다. 100만 개의 픽셀로 구성되어 있는 M개의 그림은 결국 100만 차원 공간 여기저기에 찍힌 M개의 점이 된다. 우리 사는 공간은 3차원이어서 100만 차원 공간을 그려 눈으로 볼 수는 없다. 하지만 수학적으로 상상할 수는 있다. 이 공간 안에 M개의 점으로 표현된 모든 학습 데이터는 공간 안에 고르게 퍼져 있지 않다. 점들이 오밀조밀 더 많이 모여 있는 곳도, 넓게 퍼져 드문드문 점들이 놓인 곳도 있다. 학습 데이터가 배위공간 안에서 어떤 방식으로 분포하는지는 확률 분포함수로 기술할 수 있다. 점들이 바글바글 모여 있는 곳에서 확률 분포함수가 더 크다.

인공지능의 확산모형은 두 단계로 구성된다. 첫 단계는 배위공간 안에 놓인 많은 학습 데이터를 기술하는 확률분포를, 온도가 올라가면 마구잡이 힘의 크기가 늘어나는 것처럼 노이즈(잡음)의 크기를 늘려가면서 구하는 과정이다. 점점 노이즈의 크기를 늘리면서 브라운 입자의 운동방정식을 컴퓨터로 풀어 데이터로부터 확률분포를 구하면 그 모습이 점점 부드러워진다. 노이즈가 아주 커지면 모나리자 그림이든 내가 찍은 풍경사진이든, 모든 학습 데이터를 기술하는 확률분포는 통계학의 정규 확률분포에 수렴한다. 높은 차원 공간에 놓인 둥근 공 모양을 떠올리면 된다. 이때 원래의 학습 데이터 이미지에 담긴 정보는 모두 사라져 노이즈만 들어 있게 된다. 아주 높은 온도일 때의 통계물리학의 최대 엔트로피 상태에 해당한다. 노이즈를 늘려가면서 처음의 학습 데이터에 담긴 정보가 조금씩 사라지는 이 과정에서, 노이즈를 조금 더 넣은 후의 확률분포는 바로 전의 확률분포로부터 얻어진다. 확산모형에서는 현 단계의 데이터로부터 노이즈가 조금 적은 바로 이전 단계의 데이터를 거꾸로 만들어내도록 인공지능 분야의 표준적인 방법으로 인공신경망을 학습시키게 된다. 여기까지의 확산모형 학습단계가 끝나면, 이제 다음은 바로 새로운 그림을 만들어내는 생성과정이다.

확산모형과 같은 인공지능을 생성모형이라고 한다. 가르쳐준 것들을 모아서 새로운 무언가를 생성해낼 수 있는 인공지능이다. 자, 이제 위에서 설명한 학습단계에 이어서 생성단계 얘기를 해보자. 생성단계에서는 거꾸로 배위공간 안에서 노이즈가 잔뜩 들어 있어 둥근 공 모습으로 바뀐 확률분포에서 출발한다. 그러고는 첫 단계에서 학습시킨 인공신경망을 이용해서 노이즈를 거꾸로 조금씩 줄여가는 과정을 이어간다. 먼저, 노이즈의 세기를 고정하고 통계물리학의 브라운 입자의 운동방정식을 배위공간의 한 점에 적용한다. 브라운 입자의 운동방정식에서 퍼텐셜 에너지에 해당하는 양으로는 우리가 부여한 조건을 만족하는 확률분포를 얼마나 잘 따르는지를 재서 활용한다. 이 과정을 노이즈를 조금씩 줄여가면서 100만 차원 공간 안에 놓인 한 점의 브라운 운동을 생성하게 된다. 마지막 단계에서 노이즈를 모두 없애면 이제 인공지능 확산모형은 학습단계에서 배운 확률분포에 기반했지만 학습 데이터에 들어 있지 않았던 그럴듯한 새로운 이미지를 만들어낼 수 있게 된다. 인공지능 분야에서 요즘 큰 주목을 끌고 있는 확산모형은 이처럼 비평형통계물리학의 확산 현상이 그 출발점이다. 학습단계에서는 온도를 올리면서 브라운 입자의 운동을 학습하고 생성단계에서는 온도를 내리면서 브라운 입자의 운동을 생성한다.

이 글에서는 인공지능 확산모형의 대충의 얼개를 물리학자인 내가 이해한 거친 수준에서 설명해보았다. 비평형통계물리학의 브라운 입자의 확산 운동에서 요즘 각광받고 있는 인공지능 생성모형 중 하나인 확산모형이 시작되었다는 것이 인상 깊었다. 꼭 물리학일 필요는 없다. 빠르게 발전하고 있는 인공지능 분야에서 새로운 도약을 만들어내려면 여러 기초과학에 대한 깊은 이해가 큰 도움이 될 수 있다. 인공지능의 확산모형이 멋지게 만들어낸, 하늘을 나는 물고기의 모습은 통계물리학의 브라운 입자의 마구잡이 운동이 만들어내는 궤적의 결과다. 100만 차원 공간 안에서 이리저리 움찔움찔 움직이는 꽃가루 입자 하나가 낮은 온도에서 도착한 곳에 이 그림이 있다.

AI 코페르니쿠스

2020년 초 "신경 연결망을 이용한 물리학 개념의 발견
Discovering Physical Concepts with Neural Networks"이라는 제목의 논문
(DOI: 10.1103/PhysRevLett.124.010508)이 물리학 학술지 〈피지
컬 리뷰 레터스〉에 발표되었다. 서로 다른 네 종류의 물리학
문제를 인공지능을 통해 살펴본 연구 결과가 실렸다. 이 중 대
중의 큰 관심을 끈 것은 바로 태양계에 대한 연구 결과다. 지
구에서 본 화성과 태양의 위치를 입력 데이터로 이용해 학습
시킨 인공지능이 지구가 아닌 태양이 태양계의 중심이라는
것을 알아냈다는 결과가 논문에 담겼다. 모두 알고 있는 지동
설을 찾아낸 것이 뭐 그리 대단한 일이냐는 생각이 든다면 다
시 곰곰이 생각해보시길. 행성 운동의 중심이 지구가 아닌 태
양임을 밝히기까지, 우리 인류는 수천 년이 걸렸다. 이 일을

인공지능은 아주 짧은 계산 시간 안에 해냈다.

　　논문 저자들이 '사이넷 SciNet'이라 부른 이 인공지능 시스템에 몇 언론이 'AI 코페르니쿠스'라는 재밌는 이름을 붙였다. 사이넷의 작동방식은 현실 물리학자의 사고방식을 닮았다. 여러 관찰 데이터를 모아 물리학자가 먼저 하는 일은 데이터를 표상하는 단순한 모형 혹은 이론을 구축하는 것이다. 다음에는 모형을 이용해 주어진 문제의 답을 구하고 이를 실제의 데이터와 비교해 모형의 타당성을 검증한다. 현실에서 이과정은 한 번에 끝나지 않는다. 여러 번의 반복을 통해 모형은 점점 정교해진다. 같은 데이터를 거의 비슷한 정확도로 설명하는 두 모형이 있을 때, 물리학자는 더 단순한 모형을 선호한다. 결국 지동설이 천동설을 대체한 것도 마찬가지였다. 중세의 천동설은 일식을 예측할 정도의 수준으로 발전해 있었다. 과학자들이 마음을 바꾸게 된 계기는 지동설이 더 정확하기 때문이 아니었다. 지동설이 더 단순하기 때문이었다.

　　AI 코페르니쿠스도 물리학자와 비슷한 방식의 구조를 가진다. 여러 개의 노드로 구성되어 있는 입력 층을 통해 들어온 정보는 은닉 층을 거쳐 데이터의 표상을 담당하는 중간의 작은 연결망으로 전달된다. 이 연결망이 바로 물리학자 머릿속의 이론 모형에 해당한다고 할 수 있다. 아주 적은 숫자의 노드로 구성되어 있어서, 커다란 입력 정보를 적은 수의 변수를 이용해 표상하게 된다. 마치 현실의 방대한 데이터를 설명하는 단순한 물리학 모형처럼 말이다. 이렇게 적은 노드가 담당한 데이터의 표상은 다음에는 다시 큰 연결망으로 전달되어 주어진 문제의 답을 출력하도록 구성되어 있다. 출력한 답을 실제의 데이터와 비교해 둘의 차이를 줄이는 방향으로 인공지능 신경망의 학습이 진행된다.

물리학자로서 나는 사이넷의 등장을 기대와 우려가 섞인 시선으로 본다. AI 물리학의 발달에 대해 큰 기대를 할 수 있는 분야는 양자역학이다. 현재의 양자역학 체계는 물리학자들에게 여전히 불만이다. 만약 아무런 선입견 없이 관찰 데이터에만 기반해 양자역학을 인공지능이 처음부터 다시 구성한다면 과연 어떤 모습이 될지 나는 무척이나 궁금하다. 사이넷에 대한 나의 우려는 '물리학의 미래'에 있다. 논문의 저자들이 의도했는지 알 수 없지만, 영화 〈터미네이터〉에 등장하는 인류의 종말을 바라는 미래 인공지능의 이름이 '스카이넷 SkyNet'이다. 거의 철자가 비슷한 사이넷 SciNet은 물리학의 종말을 앞당기는 물리학자의 스카이넷이 될 수도 있다. 우주와 자연에 대해 이해하려는 기나긴 열정에 붙은 이름이 물리학이라면, 열정 없이 자연을 이해할 수 있는 획기적으로 발전한 미래 사이넷의 시대에, 물리학이라는 눈부시게 아름다운 인류의 지적 활동은 여전히 중요한 의미를 가질 수 있을까.

지금 소개한 이 흥미로운 연구에 대한 소개 기사가 저명 학술지인 〈네이처〉에도 실렸다. 기사를 프린터로 출력해 읽다가 마음이 무거워졌다. AI 코페르니쿠스를 소개한 멋진 기사 바로 다음에는 대학입시에 도움을 주려고 자녀를 학술 논문의 공동저자로 참여시킨 우리나라 과학자들에 대한 낯 뜨거운 내용을 담은 기사가 이어진다. 물리학의 자연법칙을 인공지능으로 발견하려는 멋진 시도가 이루어지고 있는 동시대에 말이다.

챗GPT는
과연 생각을 할까?

세상이 지금 이 순간 정말 빠르게 변하고 있고, 앞으로의 세상은 이전과 달라질 것 같다는 느낌을 살면서 몇 번 경험했다. 삑 소리 나는 모뎀으로 멀리 떨어진 컴퓨터에 원격으로 처음 접속했을 때, 웹브라우저로 컴퓨터 화면에서 학술지 논문을 처음 보았을 때도 그랬다. 도서관에서 힘들게 논문을 찾아 적절한 배율로 복사했던 것이 단 하루 만에 과거의 추억이 되었고, "찾으려고 하는 논문이 들어 있는 학술지의 해당 호는 도서관 책장에서 늘 그것만 빠져 있다"라는 대학원생들의 머피의 법칙 농담도 하루아침에 먼 과거의 일이 되었다.

　　몇 년 전 이세돌과 알파고의 바둑 경기 때도 큰 충격을 받았다. 그때 나는 인간의 고유한 능력으로 오랜 찬사를 받아온 집중과 직관의 초라함을 떠올렸다. 중요하지 않은 정보는 무시하고 중요한 정보에만 초점을 두는 것이 집중이라면, 엄밀한 단계적 추론이 아닌 경험에 기반한 즉각적 판단이 직관이다. 얼마든지 넓고 깊게 빠른 속도로 정보를 처리할 수 있는 미래의 인공지능은, 넓게 볼 수 없어 좁게 보는 인간의 집중과 깊게 볼 수 없어 얕게 보는 인간의 직관을 굳이 계산과정에서 흉내 낼 이유가 없다. 집중과 직관이 인간 지성의 자랑스러운 경이가 아니라, 초라한 인간 지성이 어쩔 수 없이 택한 가여운 한계일 수 있다는 가슴 아픈 깨달음이었다.

엄청난 속도로 발전하고 있는 ChatGPT를 보면서 요즘 난 또 큰 충격을 받고 있다. 질문을 몇 번 이어가면 ChatGPT는 정말 그럴듯한 결과를 보여준다. 몇 개의 키워드만 입력하면 멋진 프레젠테이션을 자동으로 생성하는 인공지능, 몇 단어로 원하는 그림을 알려주면 예술적인 이미지를 멋지게 자동 생성하는 인공지능, 딱 바흐가 작곡했을 것만 같은 멋진 음악을 멈추지 않고 무한 생성해 들려주는 인공지능도 등장했다. 최근의 이런 인공지능의 결과물은 무척 창의적으로 보인다. 알파고가 내게 집중과 직관의 의미를 고민하게 했듯, ChatGPT는 내게 인간의 창의성은 도대체 무엇이냐고, 인공지능이 절대로 흉내 낼 수 없는 어떤 것이냐고 아프게 묻는다.

영화 〈아이, 로봇〉에서 윌 스미스가 연기한 주인공은 로봇에게 "로봇이 교향곡을 작곡할 수 있겠니? 로봇이 흰 캔버스를 아름다운 걸작 그림으로 변모시킬 수 있겠니?" 하고 묻는다. 그러자 로봇은 "너는 할 수 있니?"라고 되묻는다. 베토벤은 고흐가 아니고 고흐는 베토벤이 아니며, 우리 대부분은 그 둘의 발끝에도 미치지 못한다. 하지만 어느 정도 창의적인 무언가를 새롭게 만들어낼 수 있다. 그렇다면 ChatGPT가 보여주는 창의성의 수준을 비교할 잣대는 셰익스피어가 아니라 나와 대부분의 독자 같은 평범한 인간이 되어야 하지 않을지.

ChatGPT로 대표되는 거대언어모형Large Language Model, LLM 인공지능의 개략적인 얼개 자체는 그리 이해하기 어렵지 않다. 엄청난 분량의 문서 형태의 학습 데이터를 모아서 이를 '토큰'이라고 불리는 몇 글자 정도 길이의 정보로 잘게 나눈다. ChatGPT-3는 무려 5000억 개의 토큰을 이용해 학습한 것으로 알려져 있는데, 그다음에 공개된 ChatGPT-4는 아마도 이보다 더 많은 토큰을 학습에 이용했을 것으로 보인다. 다음에는 수집한 토큰들을 학습 데이터로 이용해서 문장을 '그럴듯하게' 이어가도록 조절변수가 수천억 개에 달하는 대규모의 인공신경망을 학습시킨다. '그럴듯하게'의 의미는, A-B-의 내용으로 문장이 이어졌는데 그다음에 C가 나올 확률이 D보다 크면 A-B-D가 아니라 A-B-C로 문장을 이어간다는 뜻이다.

나도 무료로 공개된 ChatGPT-3.5를 이용해 "성균관대학교 물리학과 교수 김범준"에 대해 알려달라고 부탁해봤다. 과장은 있어도 답변의 첫 문단은 어느 정도 그럴듯해 보였지만, 이어지는 문단은 너무나도 엉뚱했다. 내가 박사학위를 받은 대학도, 이후의 근무지도 모두 틀린 얘기다. 게다가 내가 쓴 논문을 몇 편 알려달라고 했을 때 ChatGPT가 출력한 결과는 정말 황당했다. 하나같이 세상에 존재하지 않는 논문들이다. 그럴듯하지만 명백히 틀린 결과가 출력된 이유도 위에서 설명한 LLM의 작동방식으로부터 쉽게 이해할 수 있다. 전체 생성된 문장의 진위를 판단하는 것이 아니라 문장을 이어가면서 그다음에 나올 내용으로 확률이 높은 단어를 연이어 생성하는 과정을 이어갔기 때문이다. 이후 공개된 새로운 버전의 ChatGPT는 이런 문제를 일부 해결한 것으로 보이지만 아직 갈 길이 멀어 보인다. 물론, 현재의 성능이 부족하다고 해서 LLM 인공지능이 보여주는 이런 문제가 미래에도 영원히 극복될 수 없다는 얘기는 아니다. 현재의 발전 속도가 지속된다면 머지않은 미래에 LLM의 성능이 획기적으로 개선될 것이 분명하다. 하지만 여전히 미래에도 ChatGPT와 같은 LLM 방식의 인공지능이 스스로 인간처럼 생각이란 것을 하거나, 의식을 갖거나 하지는 않으리라는 것이 현재의 내 믿음이다. 물론 이 믿음도 미래에 다시 또 깨질 수 있지만.

튜링 테스트는 문장의 형태로 대화를 이어가면서 우리가 상대를 사람으로 인식하는지를 묻는다. 내부에서 도대체 어떤 일이 벌어지고 있는지, 의식이 무엇인지와 같은 어려운 질문 대신, 인공지능의 출력과 드러난 행동만을 테스트하자는 아이디어다. 인공지능이 창의성이 있는지에 대한 질문도 나는 마찬가지라고 생각한다. 내부의 작동방식이 아닌, 인공지능이 보여주는 결과의 창의성에만 주목하는 것이 현실적으로 더 효율적인 판단 방법이다.

몇 년 전 간단한 실험을 해보았다. 내가 출판한 여러 논문의 제목에 등장한 단어들을 추출하고는 이 단어들을 마구잡이로 결합해 출력해보았다. 예를 들어, "초전도 배열의 양자상전이" 논문과 "작은 세상 연결망에서의 구라모토 떨개 모형의 때맞음" 논문이 결합해서 "작은 세상 연결망에서의 초전도 배열의 때맞음"이 생성되는 식이다. 당시에 이런 마구잡이 결합만으로도 내가 시작할 수 있는 새로운 연구 주제를 떠올릴 수도 있겠다는 신기한 경험을 했다.

우리 대부분의 창의성은 가지고 있던 기존의 아이디어와 아무런 상관없이 하늘에서 갑자기 뚝 떨어져 만들어지지 않는다. "태양 아래 새로운 것은 없다"라는 성경과 철학자 헤겔의 말도 있지만, 그래도 우리 인간이 새로운 무언가를 생성할 수 있는 이유는 기존에 이미 존재하는 아이디어들을 새로운 방식으로 결합하기 때문이다. 아무리 그 나물에 그 밥이라도 우리가 섞어 비빔밥을 만들면 새로운 메뉴가 되는 것처럼 말이다. 마치 《논어》의 온고이지신溫故而知新처럼, 존재하는 지식을 먼저 널리 배우고 이들을 엮어서 의미 있는 새로운 결합을 만들어낼 수 있다면, 인공지능의 결과물도 우리 눈에 얼마든지 창의적으로 보일 수 있다. 현재의 ChatGPT도 결과물의 맞고 틀리고를 떠나 상당한 수준의 창의성을 보여준다. 그렇다면 우리가 오랫동안 자랑스러워했던 인간의 경이로운 창의성도 어쩌면 또다시 머지않은 미래에 유한한 단계의 컴퓨터 계산으로 치환될 수도 있다. 이미 겪어 익숙해진, 하지만 여전히 내게 가슴 아픈 깨달음이다.

인상적으로 본 영화 〈에브리씽 에브리웨어 올 앳 원스〉의 유명한 두 바위 장면의 대사, "모든 새로운 발견은 우리 모두가 얼마나 사소하고 멍청한지를 다시 깨닫게 해준다Every new discovery is just a reminder—we are all small and stupid"를 떠올린다. 인간의 과학 발전의 역사는 줄곧 인간이 스스로 얼마나 자신이 사소한 존재인지를 발견해낸 역사다. 지구는 우주의 중심이 아니라는 것, 인간도 동물이라는 깨달음이 그랬다. 알파고에서 내가 인간 지성의 집중과 직관의 초라함을 떠올렸다면, ChatGPT는 인간의 창의성도 사실 별것 아닐 수 있다는 생각으로 나를 이끈다. 생각이라는 것을 전혀 하지 않는 인공지능이 보여주는, 결과로서의 창의성의 세상이 불현듯 우리에게 닥쳤다. 의식 없는 창의성이 보여줄 미래는 어떤 모습일까? 롤러코스터 같은 발전 속도에 놀라 어지러운 나는 솔직히 잘 모르겠다. 다만, "미래를 예측하는 가장 좋은 방법은 미래를 만드는 것"이라는 말을 가만히 떠올려볼 뿐이다.

4부

통계와
통계물리
톺아보기

우연이 필연이 되는
생일문제

국회의원 선거의 투표결과가 조작되었다는, 과학적인 근거가 약한 음모론 수준의 주장이 몇 년 전 언론에 보도된 적이 있다. 통계학에서 배우는 독립사건과 조건부확률의 의미를 이해하지 못한 주장이었다. 언론에 보도된 주장 중에는, 관외투표의 득표수가 정확히 같은 후보들이 짝으로 존재하는 특정 정당이 있었고, 이는 거의 불가능에 가까운 일이므로 투표결과에 조작이 있었다고 결론짓는 주장이 눈에 띄었다. 비슷한 문제가 통계학 분야에 이미 존재한다. 바로 '생일문제birthday problem'라 불리는 재밌는 문제다.

처음 만난 사람과 얘기를 나누다가 어쩌다 생일 얘기가 나왔다. 아니 글쎄, 그분과 나의 생일이 정확히 똑같다면, 우리는 당연히 깜짝 놀란다. 내 생일이 정해져 있으니, 그분의 생일이 나와 같을 확률은 1/365로서 무척 작다. 하지만 둘이 셋으로, 다시 넷으로, 한 집단 안에 있는 사람의 수가 점점 늘어나면, 전체 집단에서 우연히 생일이 같은 두 사람이 발견될 확률은 점차 커지게 된다. 예를 들어, 366명의 사람이 모여 있는 집단을 생각해보자. 이 중 365명의 생일이 어쩌다 우연히 모두 제각각 다른 극단적인 상황을 가정하더라도, 마지막 366번째 사람의 생일은 365일 모두를 비켜갈 수는 없다. 즉, 366명의 사람이 모여 있는 집단에서는 생일이 같은 사람이 반드시 존재하게 된다. 두 명일 때 1/365로 시작한 생일이 같은 두 사람이 존재할 확률은 사람의 수가 366명이 되는 순간 정확히 1이 된다. 통계학에서의 생일문제는 "모두 N명의 사람으로 이루어진 집단 안에서 생일이 같은 사람이 두 명 이상일 확률은 얼마일까?"이다. 이 확률을 $P(N)$의 함수 꼴로 적으면 $N=2$일 때 $P(2) = 1/365$로 시작해서, $N=366$일 때 정확히 $P(366) = 1$이 된다. 생일문제에서는 N이 작은 값에서 시작해 점점 커질 때, $P(N)$이 어떤 꼴로 적히는지를 묻는다.

자, 위에서 소개한 두 명의 경우를 살펴보자. 두 번째 사람의 생일이 첫 번째 사람의 생일과 같을 확률을 1/365로 쉽게 적을 수도 있지만, 다른 방법도 있다. 바로 두 사람의 생일이 다를 확률을 먼저 계산하고, 이 값을 1에서 빼는 방법이다. 둘의 생일은 서로 같거나, 서로 다르거나, 두 경우만 가능(이를 통계학에서는 배반 exclusive 사건이라 부른다)하니, 두 경우의 확률을 더하면 1이 될 수밖에 없다. 즉, 생일이 같을 확률은 1에서 생일이 다를 확률을 빼서 구할 수 있다. 첫 번째 사람의 생일이 예를 들어, 5월 5일로 주어졌다고 하자. 두 번째 사람의 생일이 딱 이날 5월 5일 하루를 제외한 나머지 364일 중 아무 날짜 중 하나라면 둘의 생일은 당연히 다르다. 즉, 둘의 생일이 다를 확률은 364/365이고, 이 값을 1에서 빼서 둘의 생일이 같을 확률을 구하면 1-364/365 = 1/365이다. 생일이 다를 확률을 계산해서 1에서 빼도, 앞에서 쉽게 얻은 것과 같은 결과를 얻는다. 일반적인 생일문제에서도 이 방법을 이용하는 것이 편리하다. 즉, N명의 사람들의 생일이 모두 다른 경우의 확률을 계산하고, 1에서 이 값을 빼서 생일문제의 답을 찾는 방법이다.

다음에는 두 명이 아닌 세 명의 생일이 서로 모두 다를 확률을 계산해보자. 첫 번째 사람의 생일이 주어져 있는데, 두 번째 사람의 생일이 이와 다를 확률은 앞에서 계산한 것처럼 364/365이다. 첫 번째 사람의 생일을 제외한 364일 중 아무 날짜나 두 번째 사람의 생일이 되면, 둘의 생일은 다르기 때문이다. 이제 이어서 세 번째 사람의 생일을 생각해보자. 셋 모두의 생일이 다르려면, 이 세 번째 사람의 생일로는 365일 중 첫 번째 사람의 생일과 두 번째 사람의 생일을 제외한 363일 중 날짜 하나를 아무것이나 고르면 된다. 즉, 셋 모두의 생일이 다를 확률은 (364/365)×(363/365)의 꼴이 된다. 첫 번째 괄호 안의 값이 두 번째 사람이 첫 번째 사람과 생일이 다를 확률이고, 두 번째 괄호 안의 값이 세 번째 사람이 첫 번째, 두 번째 사람과 생일이 다를 확률이 된다. 세 명 중 적어도 두 명이 생일이 같을 확률은 이제 $1-(364/365)\times(363/365)$로 적힌다. 계산기를 눌러보니, 0.0082라서 0.8% 정도의 확률이다. 즉, 세 명이 모인 집단에서 둘 혹은 셋이 생일이 같을 확률은 1%에도 채 미치지 못한다. 만약 처음 만난 세 명 중에서 생일이 같은 사람이 있다면 놀랄 일이 맞다. 일어날 확률이 1%도 안 되는 사건이 일어난 셈이다.

지금까지 소개한 계산을 N명으로 확장하는 것도 어렵지 않다. 네 명의 생일이 모두 다를 확률은 $(364/365)\times(363/365)\times(362/365)$이므로, 이를 1에서 빼면, 네 명의 경우 생일문제의 정답은 1.6%다. 마찬가지로 계산하면 다섯 명으로 이루어진 집단에서 적어도 두 명이 생일이 같은 날짜일 확률은 2.7%다. 이처럼 집단의 크기가 커지면서 둘 이상의 생일이 같을 확률은 점점 커져 1을 향해 늘어난다. 위의 계산을 일반화해서 N명의 집단에서 둘 이상의 사람이 생일이 같을 확률 $P(N)$을 구해 그래프로 그려보았다.

나의 어린 시절, 초등학교 한 반에는 약 60명 정도의 학생이 있었다. 이 중 생일이 같은 사람이 존재할 확률은 99.4%다. 예전 초등학교 때 한 반에 생일이 같은 두 친구가 있을 확률은 이처럼 거의 100%에 근접해서, 우연이지만 필연에 가까

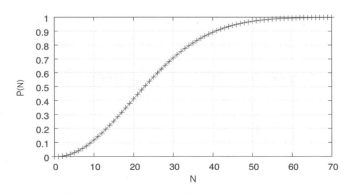

N명의 사람 중 생일이 같은 사람이 두 명 이상일 확률

워 신기한 일이 결코 아니다. 100명의 집단이라면, 생일이 같
은 사람이 존재할 확률은 더 커져서 무려 99.99997%다. 우연
히 득표수가 같은 두 후보가 존재하는 일은, 후보의 수가 많
을 때, 그리고 득표수가 그리 많지 않은 후보들의 경우에는 전
혀 놀라운 일이 아니다. 우연은 필연이 된다. 득표수가 정확히
같은 두 후보가 있었으니 투표결과가 조작되었다고 주장하는
사람은 통계학의 생일문제를 이해하지 못한 사람이다.

까마귀 날자 배 떨어진다

"까마귀 날자 배 떨어진다." 우리말 속담이다. 까마귀가 날아올랐다는 사실과 배가 나무에서 아래로 떨어졌다는 것, 둘 사이의 관계는 상관관계일까 인과관계일까? 우리가 이 재밌는 속담을 쓰는 상황을 생각하면, 우리 선조들은 둘 사이의 관계를 인과관계가 아닌 단순한 상관관계로 보았다는 것을 알 수 있다. 그렇다면 우리말의 또 다른 속담 "아니 땐 굴뚝에 연기 날까?"는 어떨까? 굴뚝에서 연기가 모락모락 피어오르는 것과, 그 굴뚝 아래 아궁이에 누군가가 불을 땠다는 것, 둘 사이의 관계는 상관관계일까 아니면 인과관계일까? 이 속담도 우리가 어떨 때 자주 쓰는지를 돌이켜보라. 당연히 우리 선조들은 불을 때는 것이 원인이고 그 결과 굴뚝에서 연기가 피어오르는 것으로, 즉 둘 사이를 단순한 상관관계가 아닌 인과관계로 보았다는 것이 확실하다.

오랜 기간 이어져 우리에게 전해진 선조들의 재밌고 현명한 속담과 몇 년 전 우리 사회에서 언론이 기사화한 독감 백신 사망설을 비교해보자. 독감 백신 사망설을 주장하는 사람들은 당시 사망자 중에 독감 백신을 맞은 사람이 많으므로, 독감 백신이 사망의 원인이라고 추정한다. 언뜻 보면 그럴듯한 추론이지만 심각한 문제가 있다. 독감 백신을 주로 맞는 인구 집단의 사망률이 높다면, 백신을 접종한 이 집단에 속한 누군가는 사망할 수 있다. 사망자 중 백신을 맞은 사람이 있다고 해서 백신이 사망의 원인이라고 섣불리 단정할 수 없다. 더 치밀한 조사와 분석을 거친 다음에야 백신과 사망의 인과관계를 찾아낼 수 있다.

과학적이고 합리적인 사고방식의 가장 근간에 놓인 문제의식이 바로 상관관계와 인과관계의 구별이다. 카이스트 물리학과 정하웅 교수의 강연에서 들은 재밌는 얘기가 있다. 전 세계 여러 나라에 대한 데이터를 모아서 세로축에는 인구당 노벨상 수상자 수를, 가로축에는 인구당 초콜릿 소비량을 그린 그래프를 정 교수가 보여주었다. 통계학에서는 이렇게 표현한 데이터가 만약 왼쪽 아래에서 오른쪽 위를 향하는 일직선을 따라 놓여 있다면, 둘 사이의 상관관계가 크다고 말한다. 가로축에 그린 양이 점점 커질수록 세로축에 그린 양도 함께 점점 커지는 모습이라서, 밥을 많이 먹으면 늘어나는 몸무게처럼, 둘 사이에 강한 상관관계가 있다는 것을 의미하게 된다. 흥미롭게도 정 교수가 보여준 그래프는 초콜릿 소비량이 노벨상 수상자 수와 강한 상관관계가 있다는 것을 알려주었다.

자, 그렇다면 둘 사이의 관계는 과연 까마귀 날자 배 떨어지는 상관관계일까, 아니면 불 때야 연기 나는 인과관계일까? 독감 백신 사망 논란에 관련한 몇몇 언론 기사를 보면, 초콜릿과 노벨상의 관계를 분명한 인과관계로 믿는 사람도 있을 것 같다는 불안한 생각이 든다. 하지만 현명한 사람이라면, 초콜릿 많이 먹는다고 노벨상을 탈 수 있는 것은 아니라는 것을 쉽게 추론할 수 있다. 인과관계가 맞다면, 초콜릿을 유난히 좋아하는 나는 이미 노벨상을 타고도 남았다. 당연히 둘 사이의 관계는 인과관계가 아닌 상관관계다. 경제가 발달한 나라에서 기초과학에 대한 관심과 지원이 더 클 수밖에 없고, 경제가 발달한 나라에서 초콜릿 소비량도 더 많을 수밖에 없다. 경제 수준이라는 요인을 생각하지 않고, 노벨상과 초콜릿 사이의 강한 상관관계를 보면서, 초콜릿 먹으면 노벨상 탄다는 결론을 내리는 사람은 당연히 엉뚱하게 추론한 셈이다. 정하웅 교수가 덧붙여 보여준 그래프는 고급 스포츠카가 많은 나라에서 노벨상 수상자도 많다는 것을 알려주었다. 자, 우리나라가 노벨상을 타려면 어떻게 해야 할까? 전 국민 대상으로 초콜릿 먹으면서 스포츠카 타기 운동을 벌이면 된다는 것이 정하웅 교수의 제안이다.(걱정이 생겨 보탠다. 당연히 농담이다.)

까마귀 날자 배 떨어진다는 속담을 다시 보자. 곰곰이 생각해보면 둘 사이에 정말로 인과관계가 성립하는 것이 불가능하다고 과연 확신할 수 있는지, 합리적 의심을 하게 된다. 까마귀가 날아오르며 만든 나뭇가지의 떨림이 전달되어서 주변 나무에서 배가 떨어질 수도 있으니 말이다. 이런 연구를 누가 해달라고 할 가능성은 거의 없지만, 둘 사이의 인과관계를 살피는 연구는 어떻게 진행하는 것이 좋을지 한번 상상해보자.

먼저 해야 할 일은 둘 사이에 상관관계가 있는지 살피는 일이다. 상관관계가 있다면 인과관계의 가능성이 남아 있지만, 상관관계가 없다면 인과관계는 생각할 필요도 없기 때문이다. 아마도 나라면, 먼저 데이터를 모으기 위해 노력할 것이 분명하다. 배가 떨어진 사건을 여럿 모으고, 이 중에 배가 떨어지기 직전에 까마귀가 날아오른 경우가 얼마나 있는지, 그리고 까마귀가 날아오르지 않았는데도 배가 떨어진 경우는 얼마나 있는지를 살펴야 한다. (당시의 독감 백신 사망설은 여기까지 이르지 못했다. 상관관계의 유의미성을 조사해 보도한 사망설 초기 언론 기사는 없었다.) 까마귀가 날아올랐든 말든, 배가 떨어지는 숫자에 통계적으로 유의미한 차이가 없다면, 둘 사이에 인과관계는커녕 상관관계도 없으니 더 연구할 것도 없이 상황 종료, 연구 끝. 만약 상관관계가 있다는 것이 데이터를 통해 밝혀진다면, 이제 인과관계를 살피는 후속 연구가 필요하다. 까마귀가 날아오른 나무와 방금 배가 떨어진 나무 사이의 거리를 측정해서, 거리가 멀어질수록 배가 떨어지는 사건의 빈도가 어떻게 변하는지를 살필 수도 있다. 거리가 멀어질수록 떨어지는 배의 숫자가 줄어든다면, 둘 사이의 관계가 인과관계일 가능성을 짐작해보게 된다. 그렇다고 연구가 최종적으로 완결되는 것은 아니다. 둘 사이의 관계를 이론적으로 설명하고 이를 실험으로 재현하는 후속 연구도 필요하다. 까마귀의 갑작스런 날아오름이 만든 나뭇가지의 떨림이 과연 얼마나 멀리 전달될 수 있는지, 그리고 그렇게 전달된 떨림이 만들어 낸 나뭇가지의 가속도가 과연 배를 떨어뜨릴 수 있을 정도로 충분히 큰지, 이론 연구와 함께 여러 다른 조건을 고려한 실험 연구도 필요하다. 연구를 계속 진행해 명확한 인과관계를 얻게 되면 결국 까마귀 날자 배 떨어지는 현상에 대해 내가 상상해본 과학 연구가 최종적으로 마무리된다.

까마귀 날자 배 떨어지는, 우리말 속담에 등장하는 두 사건 사이에는 위에서 설명한 것처럼 단순한 상관관계를 넘어 인과관계가 성립할 일말의 가능성이 있다. 그럼에도 불구하고, 우리가 이 멋진 속담 속 두 사건을 단순한 상관관계의 대표적인 예로 삼아 비유로 드는 이유는 무얼까? 인과관계라는 확실한 증거가 있기 전에는 둘 사이의 관계가 단순한 상관관계일 수 있다는, 회의懷疑의 정신과 비판적 태도가 선조들의 생각에 담겨 있기 때문은 아닐까 상상해본다. 백신 접종과 고령자 사망 사이의 관계도, 명확한 인과관계의 증거가 없다면 일단은 먼저 단순한 상관관계일 수 있다는 회의의 자세가 언론에 필요했던 것이 아닐까? 언론만 탓할 일은 아니다. 이런 기사들의 선정성과 조회수 사이의 강한 상관관계는 우리 모두의 책임이기 때문이다. 어쨌든, 확실치 않은 인과관계를 부풀리는 언론은 정말 위험하다. 백신의 부작용으로 인한 위험보다 백신 접종을 하지 않았을 때 우리 모두가 떠안게 될 위험이 훨씬 더 크기 때문이다. 백신을 맞지 않는 사람이 많아질수록 고령 사망자가 늘어난다는 것은, 합리적인 사람이라면 누구나 추론할 수 있는 명확한 인과관계다.

현실 속 카오스

브라질에서 나비 한 마리가 날개를 퍼덕이면 그 작은 효과가
연결된 여러 요인의 복잡한 상호작용을 거쳐서 저 멀리 텍사
스에 커다란 토네이도를 만들어낼 수도 있다. 바로, 나비 효과
라고 불리는 흥미로운 현상이다. 작은 나비 한 마리가 날개를
퍼덕이면 반드시 토네이도가 발생한다는 얘기가 아니다. 날개
를 퍼덕였을 때와 아닐 때, 처음의 작은 차이에 의해 그 결과
로 텍사스에 토네이도가 생길 수도 아닐 수도 있다. 둘 중 어
떤 결과를 만들어낼지 브라질의 나비 한 마리를 유심히 관찰
한다고 미리 알아내는 것은 불가능하다. 모든 나비를 움직이
지 못하게 한다고 토네이도를 막을 수도 없다. 나비가 아니면
잠자리가, 잠자리가 아니면 파리 한 마리가 토네이도를 만들
어낼 수도 있다. 이처럼 처음 조건의 작은 차이가 결과에 큰

차이를 만들어낼 수 있어서 장시간 뒤의 미래를 예측할 수 없다는 것이 카오스 현상의 의미이고, 카오스 현상을 브라질 나비와 미국 토네이도로 비유한 것이 나비 효과다.

기상현상을 설명하는 수치 모형에서 에드워드 로렌츠가 1960년대에 발견한 카오스는 이후 여러 시스템에서도 연이어 확인된 바 있다. 수리 생물학자 로버트 메이는 1976년 출판한 논문에서 간단한 모형으로부터 아주 복잡한 동역학적 결과가 만들어진다는 것을 보였는데, 이때 메이가 이용한 방정식이 바로 병참 본뜨기logistic map다. 병참 본뜨기는 시간이 띄엄띄엄 변하는 모형이다. 올해 9월 1일 토끼가 몇 마리인지 세고, 내년 같은 날에 또 몇 마리인지 세는 과정을 이어간다고 생각해보자. 올해를 첫 번째($n=1$)로 설정하면, 내년은 두 번째 ($n=2$) 해가 된다. 일정한 넓이의 풀밭과 같은 제한된 서식 환경에서 살아갈 수 있는 최대 토끼 수를 생각할 수 있다. 토끼의 최대 개체 수를 기준으로 해서 토끼가 n번째 해에 몇 마리인지를 세고, 그 비율을 X_n으로 적으면 X_n은 토끼가 단 한 마리도 없을 때는 0의 값을, 그리고 환경이 허락한 최대 토끼 수에 도달할 때는 1의 값을 갖는 변수가 된다. 그리고 $n+1$번째 값 X_{n+1}은 바로 앞 n번째의 값 X_n으로부터 결정된다고 가정할 수 있다.

만약 토끼가 올해 최대 개체 수의 10%(=0.1)이고 매년 개체 수가 두 배로 늘어난다면 어떤 일이 생길까? 내년에는 20%, 그리고 그 이듬해에는 40%가 된다. 이처럼 매해 두 배씩 토끼 개체 수가 늘어난다면 이 상황을 설명하는 식은 $X_{n+1}=2 \cdot X_n$이다. 이 식에 $X_1=0.1$을 넣으면, $X_2=0.2$, $X_3=0.4$가 된다는 것으로 쉽게 이해할 수 있다. 같은 계산을 두 번만 더 이어가면, $X_4=0.8$, $X_5=1.6$을 얻는데, 다섯 번째 해의 값 1.6은 환경이 최대로 허락한 토끼의 개체 수보다 더 많은 토끼가 있다는 뜻이다. 하지만 토끼의 최대 개체 수가 정해져 있는 유한한 서식 환경이라면 X_n의 값은 1을 넘을 수 없다. 수식 $X_{n+1}=2 \cdot X_n$은 아무런 제한 없이 토끼가 무한대로 증식할 수 있을 때만 맞는 식이어서 서식 환경에 제한이 있을 수밖에 없는 실제 현실에 적용될 수 없다.

토끼의 개체 수가 점점 늘어나면 무슨 일이 생길까? 토끼 한 마리는 다른 토끼들과 풀밭의 풀을 놓고 서로 경쟁한다. 다른 토끼가 많다면 경쟁이 심해지고, 토끼가 늘어나는 경향이 약해지게 된다. 앞에서 적은 식 $X_{n+1}=2 \cdot X_n$에 토끼의 경쟁에 의한 효과를 넣으면 $X_{n+1}=2 \cdot X_n \cdot (1-X_n)$의 꼴로 적을 수 있다. $X_1=0.1$을 넣고 차례로 살펴보면 0.180, 0.295, 0.416, 0.486, …의 수열을 따라 토끼가 늘어난다. 시간이 흐르면서 토끼의 증가세가 완만해지고, 아무리 시간이 지나도 X_n의 값은 환경이 허락한 최대치인 1.0을 넘을 수 없다는 것을 알 수 있다. 위의 식에서 토끼의 증가율 2를 매개변수 r로 일반화한 것이 메이가 1976년 논문에서 자세히 살펴본 병참 본뜨기 모형의 식 $X_{n+1} = r \cdot X_n \cdot (1-X_n)$이다. 환경에 제약이 있는 상황에서 개체 수 변화를 기술하는 단순한 식인데도, 이 간단한 이차식으로부터 얻어지는 결과는 정말 놀라울 정도로 복잡하다.

다음 그림은 각각 $r=2$, 3, 4일 때, 처음 조건으로 $X_1=0.01$을 이용해 그린 병참 본뜨기의 결과다. $r=2$일 때는 일정한 값으로 수렴하는 것을 볼 수 있고, $r=3$일 때는 주기적으로 오르내리는 규칙적인 모습을 볼 수 있다. 이 경우 개체 수는 세대마다 두 값을 번갈아가며 갖게 된다. 그림에서 가장 흥미로운 것이 $r=4$의 경우다. 토끼가 도대체 몇 마리가 될지가 끊임없이 뒤죽박죽 변하고, 아무런 주기적인 거동을 볼 수 없다. 바로 카오스가 등장하는 영역이다. 정말 간단한 식으로부터 얻어지는 놀랍도록 복잡한 현상이다.

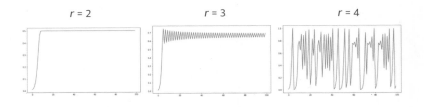

병참 본뜨기의 결과를 다른 방식으로 그래프로 그릴 수 있다. 토끼의 증가율 r을 변화시키면서 한참 세대가 지난 다음의 최대 허용 개체 수 대비 토끼 수인 X_n을 그래프로 표시하면 다음 그림을 얻게 된다. r이 점점 늘어나면 두 가지의 갈래로

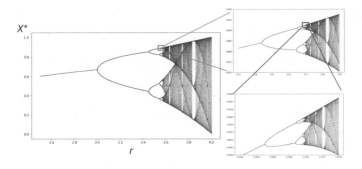

병참 본뜨기의 쌍갈래질 그림(bifurcation diagram). 부분이 전체를 닮아 자기 유사성(self-similarity)을 가진 프랙털의 모습을 보여준다.

분기하는 것을 볼 수 있고, 더 늘어나면 다음의 분기를 또 볼 수 있다. 이를 쌍갈래질^{bifurcation}이라고 부른다. 쌍갈래질 그림을 보면 무척 흥미로운 모습이 보인다. 바로, 부분을 확대하면 전체와 비슷한 모습이 끊임없이 반복되는 프랙털^{fractal}(쪽거리)이다.

20세기 중엽 여러 간단한 시스템에서 카오스를 볼 수 있다는 것이 널리 알려졌다. 처음 수식에서 발견된 카오스 현상을 실제 생태계에서의 개체 수 변화에서도 과연 관찰할 수 있을까? 연구자들이 당연히 관심을 가져야 할 중요한 질문이었다. 하지만 실제 개체 수의 시간 변화 데이터를 이용한 그동안의 여러 연구에서 현실에서는 카오스를 볼 수 있는 경우가 그리 많지 않다는 것이 알려지게 된다. 과연 카오스는 복잡한 현실을 극히 단순화한 간단한 수식에서만 볼 수 있을 뿐인지, 아니면 현실에도 카오스가 숨어 있지만 과학자들이 아직 카오스를 제대로 보는 방법을 찾지 못한 것인지는 중요한 문제였다.

한 논문(DOI: 10.1038/s41559-022-01787-y) 저자들은 누구나 인터넷에서 내려받을 수 있는 여러 종의 개체 수 시간 변화 데이터를 치밀하게 살펴봤다. 카오스 현상을 발견하기 위해 이용하는 표준적인 방법 대신 여러 다른 수학적 방법을 현실의 개체 수 변화 데이터에 적용했다. 저자들의 방법 중 재미있었던 것이 있다. 비선형 동역학 분야에서는 바로 앞 시간의 개체 수와 그다음 시간의 개체 수 사이의 관계를 주로 살펴보는데, 논문의 저자들은 과거 N개 시점의 개체 수가 그다음 시간에 영향을 줄 수 있는 방향으로 문제를 확장해서 카오스 여부를 판정했다. 기존의 연구들이 1차원 데이터를 가정한 것을 N차원 데이터로 확대해 살펴보는 방법이다. 논문 저자들은 170여 종의 개체 수 데이터를 자신들의 방법으로 분석해서 이 중 무려 33퍼센트 이상의 데이터에서 카오스를 발견했다. 현실 생태계에도 카오스가 곳곳에 숨어 있었지만, 기존 연구자들의 카오스 분석 방법이 적절치 않았다는 주장인 셈이다. 카오스를 보이는 시스템은 시간이 지나면 미래를 예측하는 것이 어려워진다. 이때, 얼마나 오래 시간이 흘러야 예측이 어려워지는지를 측정하는 양이 앞에서도 소개한 랴푸노프 시간이다. 개체의 평균 질량이 늘어나면 랴푸노프 시간이 함께 늘어난다는 결과도 논문에 보고되었다. 몸이 더 큰 생명체의 경우 카오스를 보려면 더 오랜 기간의 개체 수 데이터가 축적되어야 한다는 의미다.

카오스는 이론뿐 아니라 현실 여기저기에도 숨어 있지만, 주의 깊은 눈으로 볼 때 더 잘 보인다는 것이 논문의 결론이다. 현실에도 카오스가 흔하다. 흘깃 보지 말고 자세히 봐야 보인다.

반딧불이의 때맞음

매해 연말이 다가오면 우리 가족은 작은 크리스마스트리를
거실 한쪽에 두고 여러 개의 LED 꼬마전구가 전선으로 길게
연결된 조명기구로 트리를 빙 두른다. 거실 불을 모두 끄고 조
명기구의 스위치를 올리면 많은 작은 전구들이 동시에 깜빡
이는 예쁜 모습을 볼 수 있다. 크리스마스를 생각할 때마다 떠
오르는, 내 어린 시절부터 길게 이어진 추억 어린 장면이다.
남아시아와 북미에 서식하는 반딧불이 중에는 여러 마리가
함께 모여 마치 크리스마스트리의 전기 조명처럼 동시에 때
를 맞추어 반짝이는 장관을 보여주는 것들이 있다.

콘서트에서 교향악단의 연주가 끝나면, 그리고 뮤지
컬이나 연극 공연 후의 커튼콜 때, 여러 사람의 박수가 때
를 맞춰 어느 정도의 시간 동안 계속 이어지는 것을 들을 때

가 간혹 있다. 이처럼 여럿이 때를 맞춰 함께 박수나 빛의 깜박임 같은 무언가를 규칙적으로 반복하는 것을 동기화^同^{期化}, 영어로는 '시간 chrono-'을 '같게 syn-' 한다는 뜻을 담아 'synchronization'이라고 부른다. 요즘 내 주변 과학자들은 우리말로 '때맞음'이라고 한다. 때맞음을 보여주는 현상은 정말 많다. 여럿이 왼발 오른발, 발걸음을 맞춰 행진하듯 걸어가는 것도 때맞음이고, 반주의 박자에 맞춰 노래를 하는 것도, 지휘자의 손짓에 맞춰 연주자가 템포를 조절하는 것도 하나같이 때맞음이다.

　　당연한 것보다 신기한 것이 과학의 대상일 때가 많다. 지휘자의 지휘에 맞춰 여럿이 때를 맞추는 것은 당연한 일이

반딧불이 불빛.
사진 출처: Mike Lewinski / Wikimedia commons.

지 그리 신기한 일이 아니다. 지휘자 없이도 때맞음이 저절로 일어나는 현상이 신기해서 연구자들의 주된 연구 대상이 된다. 반딧불이의 때맞음에도 지휘자가 없고, 교향악단의 연주에는 지휘자가 있지만 연주가 끝난 후 청중 박수의 때맞음에는 따로 지휘자가 없다. 음료수 캔 두 개 위에 널빤지를 올리고 그 위에 메트로놈 여럿을 두고 각각 작동시키면 때맞음을 만들어내는데, 이때도 이들을 지휘하는 지휘자 메트로놈은 없다. 외부의 지휘자 없이 저절로 때맞음이 일어나는 다양한 현상을 설명하는 표준적인 이론 모형이 있다. 일본 물리학자 요시키 구라모토가 1975년 제안한 구라모토 모형Kuramoto model 이다.

"모형의 목적은 측정 데이터를 정확히 맞추는 것이 아니다. 질문을 날카롭게 하는 것이 모형의 목적이다.The purpose of models is not to fit the data but to sharpen the question." 미국 수학자 새뮤얼 카를린이 한 멋진 말이다. 때맞음을 설명하는 구라모토 모형도 그렇다. 오래전 구라모토 모형의 등장으로 때맞음에 대한 모든 과학적인 질문에 정량적인 답변이 가능해진 것이 아니다. 우리가 때맞음에 대해 물을 수 있는 질문이 더 깊고 풍성해졌고, 더 구체적이고 정량적인 질문이 구라모토 모형의 출현으로 가능하게 되었다. 지금도 많은 과학자가 구라모토 모형을 기반으로 한 여러 변형 모형을 가지고 활발한 연구를 이어가고 있다. 우리나라 물리학계에도 때맞음을 연구하는 통계물리학자가 많다.

반딧불이, 메트로놈, 박수 치는 사람처럼 일정한 방식으로 규칙적인 행동을 반복하는 것을 떨개^{oscillator}라 한다. 구라모토 모형은 여러 떨개가 서로 영향을 주고받으며 시간에 따라 서로의 행동을 조율하는 현상을 설명한다. 현상론적으로 때맞음을 설명하는 표준모형인 구라모토 모형의 수학적인 얼개는 사실 그리 어렵지 않다. 고등학교 수학의 미분과 삼각함수만 알아도 왜 이 모형이 때맞음을 설명할 수 있는지 이해할수 있다. 오해하지 마시라. 과학자들, 특히 물리학자들이 자꾸수식을 이용하는 이유는 쉬운 설명을 어렵게 하기 위해서가 아니다. 거꾸로다. 설명을 쉽게 하기 위해서, 불필요한 오해를 줄이기 위해 물리학에서 수식을 자주 이용한다. 한 개의 짧은 수식이 글로 적는 긴 설명을 대신할 수 있을 때도 많다. 딱 한줄 수식으로 N개의 떨개를 기술하는 아래의 구라모토 모형의 수식 표현도 마찬가지다.

$$\frac{d\theta_i}{dt} = \omega_i + \frac{K}{N} \sum_{j=1}^{N} \sin(\theta_j - \theta_i)$$

때맞음을 설명하는 구라모토 모형의 수식에 등장하는 중요한 변수가 떨개의 위상^{phase}변수 θ이다. 제자리에 서서 동쪽, 남쪽, 서쪽 그리고 이어서 북쪽 방향으로 한 번에 90도씩 네 번, 빙글 한 바퀴 돌면 처음의 방향으로 돌아온다. 위상변수도 마찬가지로 360도 한 바퀴 돌면 제자리로 돌아오는 변수다. 예를 들어 떨개의 위상변수가 0도, 360도, 720도처럼 360도의 정수배가 될 때마다 반딧불이는 반짝이고 사람은 손뼉을 친다고 해석하면 된다. 만약 반딧불이가 반짝이는 시간 주기가 짧다면, 이 반딧불이는 0도의 위상값에서 시작해 360도에 도달할 때까지 짧은 시간이 걸린다는 뜻이다. 빠르게 반짝이는 반딧불이의 위상값은 시간에 따라 더 빨리 늘어나고, 따라서 위상변수를 시간에 대해서 미분한 위상속도phase velocity의 값이 더 크다. 구라모토 모형의 수식 표현은 다른 많은 떨개와 영향을 주고받으면서 어떻게 떨개 하나가 자신의 위상변수를 시간에 따라 바꿔가는지를 현상론적으로 기술한다.

수식에 등장하는 K가 바로 떨개들이 얼마나 강하게 다른 떨개의 영향을 받는지를 조절하는 변수다. 만약 떨개들이 다른 떨개의 눈치를 전혀 보지 않는 경우라면 $K=0$에 해당해서 수식의 등호 오른쪽의 두 번째 항이 사라진다. 이처럼 상호작용이 없는 경우에는 자기가 가지고 있는 제각각 다른 자신만의 고유한 진동수 ω에 따라 위상변수가 다르게 증가해서, 떨개들이 반짝이는 순간이 뒤죽박죽이 된다. 즉, 상호작용이 없다면 때맞음도 없다는 결론이다.

다음에는 모형 수식 우변의 두 번째 항의 의미를 생각해보자. 삼각함수인 사인함수가 홀함수라는 것을 생각하면, 떨개 중에 위상이 다른 여러 떨개에 비해 뒤처진 떨개는 다음에는 좀 더 빠르게 자신의 위상값을 늘리게 되고, 거꾸로 위상이 다른 떨개에 비해 앞서 있던 떨개는 자신의 위상속도를 줄여 다음에는 좀 느리게 깜빡이게 된다는 것을 알 수 있다.[●] 결국, 느린 떨개는 빠르게, 빠른 떨개는 느리게 하는 것이 우변 두 번째 항의 역할이다. 이 항으로 말미암아 모든 떨개가 동시에 반짝이는 때맞음이 이루어진 상태에 도달하는 것이 가능하게 된다. 구라모토 모형의 때맞음은 떨개들이 제각각 가진 자신만의 진동수가 얼마나 서로 다른지, 그리고 서로 얼마나 강하게 상호작용하는지의 경쟁에 의해 정해진다. 비유하자면, 구라모토 모형의 때맞음 여부는 개성과 소통, 두 강도의 경쟁으로 정해지는 셈이다. 소통은 없고 개성만 강하면 함께 움직일 수 없어 때맞음이 없고, 크게 다르지 않은 서로가 강하게 소통하면 모두가 함께 움직여 때맞음이 일어난다.

구라모토 모형의 학계에서의 인기는 처음 제안된 후 오랜 시간이 지난 지금도 식을 줄을 모른다. 때맞음에 관련된 다양한 현상을 설명하는 표준모형으로 널리 활용되고 있어서,

---

● 삼각함수 $\sin(\phi)$가 홀함수여서 $\sin(-\phi)=-\sin(\phi)$를 만족한다는 것으로부터 이해할 수 있다. 만약 θ_i가 다른 여러 θ_j보다 위상이 앞서면($\theta_i > \theta_j$), 식에서 $\sin(\theta_j-\theta_i)<0$이므로 $d\theta_i/dt$가 ω_i보다 작아진다. 즉, 다른 여러 떨개보다 위상이 앞선 떨개는 다음에는 위상속도를 늦춰서 다른 떨개들과 보조를 맞추게 된다. 거꾸로 $\theta_i < \theta_j$일 때는 i번째 떨개는 위상속도를 증가시켜 보조를 맞춘다.

'구라모토 모형'이 제목과 초록에 등장하는 논문이 매년 수천 편 출판되고 있을 정도다. 내 연구그룹에서도 구라모토 변형 모형을 이용해 왜 때맞음 된 청중의 박수 박자가 조금씩 빨라지는 경향이 있는지, 왜 청중의 수가 많아지면 박수의 때맞음이 잘 일어나지 않는지를 연구해 논문으로 출판하기도 했다.

구라모토 모형의 높은 인기에도 불구하고, 현실의 구체적인 문제에서 떨개가 정말로 구라모토 모형의 수식을 따라 행동하는지는 치밀하게 검증된 사례가 거의 없다. 비선형 동역학의 유명 교과서에도 등장해 많은 대학생이 당연한 사실처럼 배우지만, 실제 현실의 반딧불이가 정말로 구라모토 모형을 따라 행동하는지에 대한 연구는 거의 없었다는 말이다. 2022년 공개된 한 논문(DOI: 10.1101/2022.03.09.483608)이 바로 이 주제를 다뤘다. 모든 방향을 동시에 촬영할 수 있는 광각 카메라 두 대를 이용해 반딧불이 집단의 동영상을 촬영한 다음에, 삼각측량의 방법으로 동영상 속 여러 반딧불이의 3차원 위치를 논문 저자들이 개발한 영상 처리 알고리즘을 이용해 정확히 파악해서 각각의 반딧불이의 반짝임을 정량적인 데이터로 수집했다.

논문 저자들의 데이터 분석 결과에 따르면 북미에 서식하는 반딧불이 종(*P. carloinus*)의 행동은 구라모토 모형과 달랐다. 먼저, 상호작용이 없는 경우 구라모토 모형은 개개의 반딧불이가 자신만의 고유한 주기로 규칙적인 반짝임을 보여줄 것을 예측하지만, 현실의 *P. carloinus* 반딧불이는 고립된 상황에서 규칙적인 주기로 빛을 내지 않는다. 또 현실의 *P. carloinus* 반딧불이는 짧은 시간 동안의 빠르고 활발한 때맞음된 반짝임 이후 상대적으로 긴 시간 동안 반짝임이 없는 공통의 휴지기가 이어지는 버스트burst 현상을 보여준다. 한편 구라모토 모형의 때맞음 상태에는 휴지기도 버스트도 없이, 모든 떨개가 딱 하나의 때맞음 주기에 맞춰 일정하게 꾸준히 반짝일 뿐이다.

구라모토 모형이 이 특정 반딧불이 종의 때맞음을 설명하기 어렵다는 것에 주목한 논문 저자들은 간단한 다른 모형을 제안했다. 반딧불이 하나는 한번 빛을 낸 다음에는 특정 시간 이상의 휴지기가 필요하다는 것을 이용하고, 한 반딧불이의 반짝임은 인접한 다른 반딧불이에 즉각적인 영향을 주어서 다른 반딧불이도 거의 동시에 빛을 낸다고 가정했다. 두 가정과 함께, 한 번의 반짝임 이후에는 다음의 반짝임을 위한 일종의 충전 과정이 반딧불이 내부에서 일어나는 것을 기술하는 현상론적인 변수도 담아 구체적인 수리 모형을 제안했다. 저자들의 새로운 모형을 컴퓨터로 수치 적분한 결과는 실제 *P. carloinus* 반딧불이의 때맞음 패턴과 상당히 비슷했다. 특히, 반딧불이의 개체 수가 늘어나면 때맞음된 버스트가 더 잘 일어난다는 결과가 흥미롭다. 첨언하자면, 남아시아의 다른 반딧불이가 보여주는 때맞음은 이 논문에서 보고한 북미의 반덧불이 종과는 다르다고 한다. 남아시아의 반딧불이 종은 고립되면 구라모토 모형의 떨개처럼 고유 진동수로 제각각 반짝인다.

오래전 정립되어 많은 과학자가 이용하고 있는 표준적인 모형이라도 자연이라는 책이 실제로 보여주는 현상과 끊임없이 비교되어야 한다는 것이 방금 소개한 논문에서 내가 얻은 교훈이다. 다양한 현상에 적용될 수 있고 오랜 기간 연구되어온 현상론적 모형인 구라모토 모형이 일거에 폐기될 리는 없다. 하지만 어떤 때맞음에는 다른 이론이 필요하다는 것이 지금 소개한 논문의 결론이다. 아무리 이론이 멋져도 이론에 대한 최종 판관은 자연이다.

통계물리학으로 보는 뇌

생물학, 심리학, 의학이면 모를까, 물리학도 뇌를 다룬다고? 맞다. 뇌를 연구하는 물리학자가 많다. 특히 내 전공 분야인 통계물리학을 연구하는 사람 중에 뇌를 이론물리학의 관점에서 이해하려는 이들이 있다. 모든 동물의 뇌를 구성하는 요소가 바로 신경세포다. 신경세포는 다른 신경세포와 시냅스라 불리는 구조를 통해 서로 정보를 주고받는다. 무려 1000억 개정도의 신경세포가 무려 수백조 개의 시냅스로 연결되어 있는 것이 우리 인간의 뇌다. 수많은 신경세포가 서로 얽히고설켜 만들어낸 연결망에서 일어나는 거시적인 동역학적 패턴이 뇌의 활동이다. 서로 상호작용하고 있는 수많은 입자들이 만들어내는 거시적인 물리현상을 연구하는 통계물리학이 뇌를 연구하는 방법으로 활용될 여지가 있는 이유다.

통계물리학의 여러 개념 중에는 뇌의 활동을 이해하기 위해 유용한 것들이 많다. 평형상태에서 일어나는 상전이에 대한 표준 이론의 몇 개념도 큰 도움이 된다. 온도를 올리면 자석은 자성을 잃고 액체는 기체로 변한다. 언뜻 보면 둘은 완전히 다른 물리 현상처럼 보인다. 하지만 통계물리학자들은 완전히 달라 보이는 이 두 현상의 바탕에 같은 것이 있다는 것을 밝혔다. 상전이 부근에서 자석의 자성이 어떻게 변하는지를 기술하는 함수가, 액체가 기체로 변하는 상전이 부근에서 물질의 밀도가 어떻게 변하는지를 기술하는 함수와 같은 꼴이라는 것도 알게 되었다. 이처럼 서로 다른 시스템이 같은 유형의 상전이를 보일 때, 이들 시스템이 같은 보편성 부류 universality class에 속한다고 말한다. 내가 통계물리학을 사랑하는 이유 중 하나가 바로 이런 관점이다. 다양성에서 찾아내는 숨겨져 있던 동일성, 우리 눈에 달라 보이는 복잡다단한 수많은 현상을 하나로 관통해 이해하는 것은 참 멋진 일이다. 통계물리학은 다름에서 같음을 본다.

온도를 올리면서 측정했을 때 자석의 자성이 사라지기 시작하는 온도가 임계온도이고, 임계점critical point에서 일어나는 현상을 통틀어 임계현상critical phenomena이라고 한다. 자석의 자성이 온도에 따라서 연속적으로 변해 사라지는 연속 상전이에 대한 평형통계물리학의 연구 결과로 소개하고 싶은 것이 있다. 바로, 상전이 임계점에서 물질이 극도로 민감해져 아주 작은 외부의 자극으로도 물질의 성질이 큰 폭의 변화를 스스로 보여줄 수 있다는 것이 하나고, 임계점에서는 물질을 구성하는 부분이 저 멀리 떨어진 다른 부분과 서로 강하게 연결되어 있다는 것이 다른 하나다. 임계점에 있는 물질은 아주 살짝만 건드려도 전체가 연결되어 크게 변한다는 뜻이다. 아직 널리 쓰이고 있는 용어는 아니지만 임계현상을 '고비성질'이라고도 부른다. 고비성질의 '고비'는 우리가 "어려운 고비를 넘겼다"고 할 때의 바로 그 고비다. 높은 고비에 아슬아슬하게 놓인 둥근 구슬을 떠올려보자. 살짝 밀어도 구슬은 비탈길을 굴러 내려와 큰 폭으로 움직인다. 아주 약한 외부자극으로도 물질의 성질이 크게 변하는 임계현상과 비교하면, 고비성질이라는 용어가 썩 그럴듯하게 느껴진다.

많은 통계물리학자들은 자연과 사회에서 일어나는 여러 현상을 임계성criticality이라는 일관된 관점에서 통합적으로 바라보려는 성향이 있다. 여러 마리 곤충이 군집을 이루어 함께 날고 있는 것을 분석한 연구도 기억난다(DOI: 10.1103/PhysRevLett.113.238102). 이 연구에서는 우리나라에서 깔따구midge라고 부르는 곤충 개체 수백 마리의 위치를 추적해서 개체 사이의 상관관계가 최대가 되는 방식으로 이 곤충이 군집의 크기를 조정하는 것으로 보인다는 결과를 발표했다. 자석이 자성을 잃는 평형통계물리학의 임계현상처럼, 이 곤충 집단의 상관관계가 최대가 되어 임계점에 있을 때 군집 안의 개체들은 서로 연결되어 마치 한 몸처럼 움직일 수 있다. 하지만 정확히 임계온도로 온도를 딱 맞춰야 볼 수 있는 자성체의 상전이와 달리, 곤충들이 집단의 크기를 스스로 바꿔가면서 저절로 임계성에 다가선다는 재밌는 차이가 있다. 이처럼 누군가 인위적으로 조절하지 않아도 구성원들이 저절로 임계점에 다가서는 현상을 '저절로 짜이는 임계성', 혹은 '자기 조직화 임계성self-organized criticality, SOC'이라고 부른다.

저절로 짜이는 임계성(SOC)의 관점에서 자연과 사회에서 일어나는 여러 현상을 바라보는 것이 통계물리학계에서는 상당히 널리 퍼져 있는 인기 있는 관점이기도 하다. 생명 종의 멸종, 주가의 폭락, 지진과 산불의 발생 등 여러 다양한 현상을 바라보는 통계물리학의 강력한 관점이다. 깔따구 개체들도 저절로 짜이는 임계성의 상태에 있게 되면, 전체가 마치 한 몸처럼 움직일 수 있을 뿐 아니라, 아주 작은 외부의 자극에도 전체가 민감하게 반응할 수 있다는 이점이 있다. 어쩌면 이런 방식으로 집단의 크기를 스스로 조절해 임계상태에 도달하면 포식자를 피해 더 많은 개체가 생존할 수도 있다. 임계상태에 진화적 이점이 있을 수도 있다는 뜻이다.

통계물리학자들은 비슷한 이유로 우리 뇌의 동역학적 상태도 임계성의 관점에서 이해하고자 한다. 지금까지의 여러 연구로 뇌에서 발화하는 신경세포의 숫자, 그리고 발화하는 시간 간격의 확률분포가 평형통계물리학의 임계상태에서 자주 관찰되는 함수 꼴을 따른다는 것이 알려졌다. 바로 멱함수의 꼴을 따르는 척도 없는^{scale-free} 확률분포다.[•] 뇌가 임계 상태에 있다면, 멀리 떨어진 여러 신경세포들이 서로 강하게 연결되어 거시적인 동역학적 상태를 만들어내는 것이 가능할 뿐 아니라, 외부의 약한 자극에도 넓은 뇌 영역이 민감하게 반응할 수 있다.

뇌의 동역학적 상태가 임계점에 가까이 있는 평형통계물리 시스템이 보여주는 특성과 유사하다는 것이 알려졌지만, 아직 이해하지 못한 것이 많았다. 특히 평형통계물리학의 표준적 관점에 따르면 같은 종의 다른 개체의 뇌가 동일한 보편성 부류에 속할 것을 기대할 수 있지만, 실제의 여러 실험 결과는 개체를 넘어서는 단일한 보편성을 확인하지 못했다. 2021년 물리학 학술지 〈피지컬 리뷰 레터스〉에 출판된 한 논문(DOI: 10.1103/PhysRevLett.126.098101)이 바로 이 문제를 다뤘다. 논문의 결과가 자못 흥미롭다. 개체가 달라져도 뇌의 동역학은 같은 보편성 부류에 속할 것으로 믿어지지만, 실제로 현실에서 관찰되는 각각 개체의 뇌는 외부 자극의 끊임없는 유

_• $y = Cx^a$의 꼴을 갖는 함수를 멱함수라고 한다. x를 A배($x \to Ax$), y를 B배 ($y \to By$) 하는 척도변환(scale transformation)에 의해 $By = CA^a x^a$이 되는데, $B = A^a$로 하면 척도변환 후에도 멱함수의 형태는 변하지 않는다. 멱함수는 척도변환에 대해서 불변이며, 따라서 척도가 없다. 멱함수만이 척도가 없어서, 멱함수의 꼴을 가진 확률분포를 '척도 없는 확률분포'라고 부른다.

입으로 말미암아 정확히 임계점에 놓이지 않고 그 근방에 놓인다는 주장이다. 그렇다고 해서 뇌가 임계상태와 상관없는 아무 상태에나 있다는 얘기는 아니다. 주어진 외부자극이라는 조건에서 가장 민감하게 반응할 수 있는 상태에 뇌가 있어서, 뇌는 정확한 임계상태critical state는 아니어도 준準임계상태 quasicritical state라 할 만한 상태에 있다. 아무런 외부자극이 없는 경우에 확인될 수 있는 진정한 임계상태에서는 계의 민감도가 무한대로 발산한다. 외부자극이 있는 경우에도 뇌는 민감도를 가능한 한 크게 하는 방식으로 준임계상태에 스스로 도달해 활동한다는 자못 흥미로운 주장이다.

뇌가 동역학적 임계상태에 있다는 가설critical brain hypothesis, 특히 스스로 내부의 상태를 조정하면서 저절로 임계성에 다가선다는 가설은 상당히 매력적인 주장이다. 뇌의 거시적 상태가 한 상태에서 다른 상태로 쉽게 변환할 수 있는 이유를 정성적으로는 어느 정도 설명할 수 있기 때문이다. 뇌가 아주 작은 외부와 내부 환경의 변화에도 민감하게 반응해 큰 규모로 많은 신경세포의 활성을 변화시킬 수 있다는 것은 평형통계물리학의 임계현상과 밀접한 관련이 있을 수 있다.

지금 소개한 논문에서는 평형통계물리학의 보편성 부류가 왜 뇌의 활동에서는 잘 관찰되지 않는지에 대해서 상당히 개연성이 있는 설명을 제시했다. 앞으로 계속 이어질 뇌과학 분야의 연구에서도 통계물리학에서 유용성을 확인한 개념과

연구의 방법이 더 널리 활용될 여지가 있다. 많은 이들이 모여서 같은 것도 서로 다른 시각으로 함께 긴밀하게 토론하며 살피는 것이 융합연구의 바람직한 형태다. 현미경으로 바라본 신경세포에는 생물학과 물리학의 경계가 없다.

양떼의 물리학

잠이 안 올 때 머릿속에서 양을 한 마리, 두 마리, 세 마리, 세는 것이 도움이 된다는 얘기가 있다. 나도 해봤지만 그리 큰 효과는 없었다. 복잡한 세상 속 온갖 갈등을 두고 고민하느니 양떼를 떠올리는 것이 그나마 훨씬 더 나은 방법이겠지만 말이다. 파란 하늘을 배경으로 푸른 풀밭에 모여 풀을 뜯고 있는 양떼의 모습은 무척 평화롭고 고요해 보인다. 양떼가 어떻게 모이고 어떻게 이동하는지에 대한 얘기가 이제부터 소개할 물리학 논문의 주제다(DOI: 10.1038/s41567-022-01769-8). 풀밭을 거니는 양떼의 고요한 장면에 대한 연구이지만 논문이 재밌어 읽다 잠이 달아났다. 졸기는커녕, 논문을 읽다가 여러 번 웃었다.

논문 저자들은 연령이 1.5년으로 같은 네 마리 암컷 양을 풀밭에 풀어놓고 7미터 높이에 설치한 카메라로 양을 한 마리씩 식별해 시간에 따라 변하는 위치 정보를 데이터로 모았다. 이 작은 규모의 양떼는 서로 다른 두 상태를 보여주었다. 여럿이 가만히 서서 거의 움직이지 않으면서 풀을 뜯고 있는 상태, 그리고 주변의 다른 곳으로 줄을 지어 집단적으로 이동하고 있는 상태다. 이 연구 이전에도 많은 물리학자가 동물의 집단행동을 연구했다. 찌르레기와 같은 새들은 서식지에 머물 때 무리를 이끄는 지도자 없이 모두가 함께 날아올라 서로의 이동방향을 조율하며 멋진 집단 군무를 보여준다. 한편, 지도자가 있는 집단행동의 예로는 알파벳 V자의 꼴을 형성하고 뾰족한 선두에서 한 마리가 무리를 이끄는 철새들의 이동 패턴을 들 수 있다. 찌르레기의 군무는 민주적 방식을, V자로 나는 철새는 계층적 의사결정 구조를 따른다고 할 수 있다. 그렇다면 양떼에도 무리를 이끄는 지도자가 있을까?

논문에 따르면 양떼는 2, 3분 정도의 시간 동안 함께 모여 평화롭게 풀을 뜯다가 40초 정도 줄을 지어 이동하는 방식의 집단행동을 반복했다. 양들의 속도를 데이터로 모아 그린 확률분포 그래프를 보면 속도가 0에 가까운 풀 뜯는 상태와 초속 1미터 정도로 움직이는 집단 이동 상태가 명확히 구별된다. 또 두 상태 사이의 변환은 상대적으로 짧은 시간에 이뤄진다는 관찰도 논문에 담겨 있다. 풀 뜯다 이동하고 이동하다 풀 뜯는 행동을 반복하는 과정에서, 매번 이동이 시작할 때 네 마리 중 하나가 높은 확률로 무리를 이끄는지, 과연 특정 양이 무리의 지도자인지 살펴보았다. 이럴 때 과학자들은 통계학의 검정 방법을 이용한다. 매번의 집단 이동에서 마구잡이로 무리를 이끄는 양이 정해진다는 가설을 설정하고(이를 통계학에서는 귀무가설이라고 한다), 이 가설에 바탕한 이론적인 확률분포를 실제 데이터에서 얻어진 결과와 비교하는 방식이다. 만약 실제의 데이터가 귀무가설이 예측하는 범위를 벗어나면 귀무가설을 높은 확률로 기각할 수 있어서, 지도자 양이 마구잡이로 정해진다고 할 수 없게 된다.

  논문의 연구자들은 바로 이 검정 방법을 적용해서, 집단 이동을 선도하는 양이 매번 마구잡이로 정해지는 것으로 보인다는 잠정적인 결론을 얻었다. 비슷한 통계학의 검정 방법을 이용해서, 줄지어 움직이는 집단 이동의 방향은 그 전에 움직였던 방향과는 상관관계가 거의 없다는 결론도 얻었다. 양들은 평화롭게 풀을 뜯다가 갑자기 이동을 시작하는데, 아무 양이나 마구잡이로 선두가 택해지면 그 전에 어디에서 풀을 뜯었는지에 무관하게 그냥 새로운 곳으로 줄지어 이동한다는 결과다. 이 결과만을 보면 양떼는 그리 똑똑해 보이지 않는다. 양떼 무리의 집단행동은 그냥 어쩌다 일어나는 것일 뿐, 딱히 어떤 이점이 있는 것으로 보이지 않는다. 나도 논문의 앞부분만 읽었을 때는 그렇게 생각했다.

  사람이나 동물이나 여럿이 모이면 전체는 합리적 선택

을 할 수 있다는 것을 일컫는 용어가 바로 '집단지성'이다. 화학 물질인 페로몬을 이용해서 집에서 먹이까지 최단 시간의 경로를 찾아내는 개미군집이 집단지성의 고전적 사례. 나도 강연할 때 청중들에게 내 몸무게의 예측치를 제출하게 하고는 그 데이터를 모아 평균값을 구해 내 실제 몸무게와 비교해본 적이 있다. 사람들 각자가 나름 최선을 다해 예측한 값을 모아 단순히 평균을 구해도 그 값이 내 실제 몸무게와 상당히 가까워 신기했다. 이것도 집단지성의 한 예다. 그렇다면 지금 소개하는 논문의 평화로운 양떼의 집단행동에서도 집단지성을 볼 수 있을까?

논문 저자들은 한 줄로 이동하는 양떼의 움직임을 기술하는 수학 모형을 만들고 살펴보았다. 매번의 이동에서 마구잡이로 정해진 선두의 양이 움직이기 시작하면 두 번째, 세 번째 양이 차례로 자기 바로 앞의 양을 따른다는 결론을 얻었다. 매번 양떼의 이동에는 무리를 이끄는 지도자가 있어서 계층적 구조를 따라 앞에서 뒤로 차례로 정보가 전달되지, 뒤에서 앞쪽으로는 정보가 전달되지 않는다는 뜻이다. 이처럼 한 번의 줄 지은 집단이동은 민주적이 아닌 계층적인 정보전달 구조를 따라 진행된다. 하지만 매번의 집단 이동에서 그때그때 선두에 선 양이 다르게 정해지니 결국 시간이 지나면 어느 양이나 고르게 지도자의 역할을 맡게 되어 민주주의를 닮은 모습도 보여준다. 마구잡이로 선두가 택해지고, 정해진 선두를 따라 한 마리씩 앞의 양을 그냥 따라가는 양떼의 집단행동에는 어떤 이점이 있을까?

이런 질문에 답하기 위해서 양을 인터뷰할 수는 없다. 논문 저자들은 출구를 알고 있는 양이 딱 한 마리 있는 상황을 상정해서 미로 안에 놓인 양떼를 컴퓨터 프로그램으로 구현했다. 출구 정보를 가진 양이 극소수만 있어도 양떼 전체가 짧은 시간에 미로를 탈출한다는 명확한 결과를 얻었다. 컴퓨터 시뮬레이션 결과를 통해 저자들은 여러 양 중 한 마리가 다음에 풀을 뜯을 적당한 풀밭을 알고 있어 그곳으로 움직이기 시작하면 그 정보를 갖지 않은 다른 양은 차례차례 줄을 지어 그곳으로 함께 이동하는 것이라는 주장을 펼친다. 즉, 한 마리가 가진 정보가 무리 전체에 빠르게 전달되고 뒤를 따르는 양들은 무리를 이끄는 양이 가진 정보를 신뢰해 묵묵히 그 길을 따라가는데, 바로 이 방법이 무리 전체가 빠르게 더 나은 장소로 이동하는 효율적인 방법이라는 얘기다. 양떼를 구성하는 어느 특정 양이 항상 무리를 이끄는 것이 아니라 정보를 가진 어느 양이나 다음의 집단이동을 이끌 수 있다는 것도 중요하다. 민주적 방식과 계층적 방식을 조합해 양떼가 효율적으로 움직인다는 흥미로운 결론이다.

한 마리, 두 마리, 세 마리, 잠 안 올 때 세는 양들도 높은 수준의 집단지성을 보여준다. 지도자는 민주적으로 택해지고, 그렇게 택한 지도자에게 무리를 이끌 권한이 신뢰와 함께 주어진다. 물론 무리를 이끄는 권한은 잠깐의 이동 중에만 잠시 부여될 뿐이다. 다음에는 더 나은 정보를 가진 양이 또 새로 등장해 무리를 이끈다. 밤잠 설치며 양떼를 셀 때, 양떼가 보여주는 놀라운 집단지성도 함께 떠올릴 일이다.

축구의 네트워크 과학

"축구공은 둥글고, 경기는 90분간 진행된다. 이 둘을 제외한 다른 모든 것은 단지 이론일 뿐이다." 1954년 월드컵에서 독일을 우승으로 이끈 축구 감독 제프 헤르베르거가 남긴 축구 명언이다. 온갖 상황이 시시각각 펼쳐지는 축구 경기에서는 어느 누구도 예상치 못한 결과가 얼마든지 만들어질 수 있다는 이야기다.

2022년 카타르 월드컵에서는 결승전에서 아르헨티나가 승부차기 끝에 프랑스를 이기고 우승했다. 우리나라도 오랜만에 16강에 진출하는 쾌거를 이루기도 했다. 축구팀마다 전략도, 그리고 장점도 다르다. 송곳같이 정확한 패스를 이어가 공격에 성공하는 팀도, 철벽 수비를 자랑하는 팀도 있다. 그렇다면 수비진이 얼마나 상대 공격수를 잘 막아내는지를 정량적으로 측정할 수는 없을까? 축구 경기도 과학으로 살펴볼 수 있을까?

데이터를 이용해 정량적으로 스포츠 경기를 살펴보는 연구가 많다. 데이터의 스포츠라고 일컬어지는 야구가 대표적이다. 축구는 야구에 비해서 데이터를 이용한 분석이 훨씬 더 어렵고 복잡한 측면이 있다. 축구공 주변의 선수들의 움직임 뿐 아니라 멀리 떨어진 선수들의 움직임도 경기의 진행에 큰 영향을 미칠 수 있기 때문이다. 공이 있는 곳에서 멀리 떨어진 위치에 있는 뛰어난 공격수 주변에는 이미 상대 팀 수비수들의 밀접 마크가 진행되고 있듯이 말이다.

얼마 전 통계물리학 연구가 주로 출판되는 물리학 분야의 학술지 〈피지컬 리뷰 E Physical Review E〉에 출판된 논문(DOI: 10.1103/PhysRevE.106.044308)은 수비에 참여하는 선수들이 어떤 방식으로 공격수를 막는지를 네트워크 과학을 적용해서 살펴봤다. 논문의 연구자들은 한 회사에서 연구용으로 공개한, 축구팀, 선수 이름, 경기가 벌어진 장소와 날짜 등의 정보가 가려진 세 개의 축구경기 데이터를 이용했다. 고해상도로 촬영한 동영상에 영상처리 인공지능 기술을 적용해서, 1초에 25번의 빈도로 선수들의 위치를 10센티미터 정도의 오차로 정교하게 파악한 데이터다.

종이 위에 점을 여럿 그리고 점들을 이리저리 선으로 연결하면 네트워크(연결망)가 된다. 네트워크는 이렇게 노드(점)

와 링크(선)로 구성된 전체다. 축구경기에서 선수 하나하나를 노드에 대응시키면, 선수 사이의 관계는 링크에 해당한다. 네트워크 과학의 여러 방법을 적용하려면, 먼저 노드와 링크를 정의해야 한다. 논문에서는 공격하고 있는 팀의 선수와 수비를 하고 있는 팀의 수비수 사이의 거리를 측정해서, 이 거리가 주어진 값보다 작다면 공격수와 수비수 사이에 링크가 있다고 가정하는 방법을 이용했다. 이렇게 구성한 네트워크를 이분네트워크bipartite network라고 한다. 이분네트워크에서는 노드 전체가 두 집합으로 나뉘고 노드를 연결하는 링크는 두 집합 사이에만 존재한다. 내가 가지고 있는 상의의 집합과 하의의 집합을 생각해보자. 내가 외출하려고 옷을 갖춰 입을 때마다 상의와 하의의 짝을 고르게 된다. 내가 함께 맞춰 입은 상의와 하의 사이에 링크가 있다고 생각해 네트워크를 구성하면, 이것도 이분네트워크다. 상의는 하의하고만 링크로 연결되기 때문이다. 수비수와 공격수의 집합을 생각하면 수비수와 공격수 사이의 거리를 이용해 구성한 연결망은 당연히 이분네트워크의 형태가 된다.

논문의 연구자들은 시간에 따라서 수비수와 공격수의 이분연결망 구조가 어떻게 변하는지를 살펴봤다.[*] 논문 저자

---

* 다음 링크에서 저자들이 제공한 재밌는 동영상을 볼 수 있다. https://physics.aps.org/articles/v15/s144.

들은 시간에 따라 계속 변해가는 이 연결망의 구조를 특징짓는 양으로서 노드가 가지고 있는 링크의 수가 얼마나 균일한지를 쟀다. 링크 수의 제곱의 평균값을 링크 수의 평균으로 나눈 값인 κ(카파)다. 기존 연구에 따르면 κ가 2보다 크면 연결망 대부분의 노드가 서로 연결되어 하나의 큰 군집을 이루고, κ가 2보다 작다면 전체 연결망이 조각조각 여러 파편으로 나뉜다는 것이 알려져 있다. 흥미롭게도 축구 데이터로 저자들이 구성한 연결망은 κ의 값이 2 주변에 머물면서 계속 변해간다. 즉, 수비수와 공격수 사이의 거리를 기준으로 만든 연결망은 뭉쳤다 흩어졌다 하는 행동을 계속 이어간다는 말이다.

논문에서 저자들은 선수들의 시간에 따른 움직임을 설명할 수 있는 간단한 운동방정식도 제안했다. 선수들은 마치 공기 중에서 움직이는 물체처럼 저항력을 받으면서, 팀의 수비 전략에 따라서 자신에게 부여된 위치를 평형위치로 하는 스프링에 매달린 물체처럼 움직인다. 논문의 모형에서 특히 흥미로운 요소는 선수들이 다른 모든 선수들의 영향을 받는다는 것을 고려한 항이다. 이렇게 설정된 운동방정식 모형에는 여러 조절변수들이 등장하는데, 저자들은 실제의 현실 데이터와 모형의 예측 결과 사이의 오차를 최소로 하는, 인공지능의 학습에도 널리 이용되는 방법을 적용해 모형의 조절변수들의 값을 알아냈다. 이렇게 정해진 운동방정식 모형을 이용한 컴퓨터 시뮬레이션을 통해서, 저자들은 실제 현실에서 관찰한 각 수비수의 활동 범위가 시뮬레이션을 통해 얻어진 활동 범위와 상당히 유사하다는 것, 그리고 모형도 실제 현실과 마찬가지로 연결망의 균일성을 측정하는 κ의 값이 2를 기준으로 끊임없이 늘었다 줄었다를 반복한다는 결과도 얻었다. 이 논문의 주된 결론은 실제 데이터가 보여주는 몇 가지 흥미로운 통계적 특성을 간단한 운동방정식 모형으로 재현할 수 있다는 이론적인 내용이다. 하지만 축구 경기에서 선수들의 위치를 실시간으로 관찰하고 이를 이용해 시간에 따라 변화하는 연결망을 만들어 분석할 수 있다는 것은 물리학자가 아니라도 흥미를 가질 만한 이야기다.

축구 경기를 연결망의 관점에서 분석하는 방법은 구체적인 현실의 경기에도 적용될 수 있다. 수비수 중에 누가 자신의 역할을 가장 충실하게 수행하고 있는지, 그리고 공격수를 밀접 마크하는 수비수의 숫자가 수비의 성공에 얼마나 큰 영향을 미치는지도 살펴볼 수 있을 것으로 보인다. 이 논문을 소개한 미국 물리학회에서 운영하는 온라인 사이트의 기사(DOI: 10.1103/Physics.15.s144) 제목은 "게으른 축구 수비수가 숨을 곳은 없다No hiding place for lazy soccer defenders"이다. 축구 선수들에게 좋은 소식일지는 모르겠지만, 축구 경기의 수비수가 팀의 승리에 얼마나 크게 기여하는지를 네트워크 과학의 방법으로 판단할 수 있을 가능성이 크다는 생각이 들었다. 선수들 사이의 움직임을 어떻게 조율하는지가 경기 결과에 큰 영향을 미치는 단체 경기로서의 축구를 살펴보기에는 네트워크의 관점이 제격이다. 지금 소개한 논문의 저자들은 카타르 월드컵의 우승 국가인 아르헨티나의 물리학자들이다. 월드컵 우승 소식에 크게 기뻐했을 저자들의 더 구체적이고 더 실질적인 후속 연구가 기대된다.

패턴의 형성:
달마티안과 도마뱀

제2차 세계대전 당시 독일의 어려운 암호를 해독한 것으로 유명한 과학자 앨런 튜링은 인공지능과 인간을 구별하는 '튜링 테스트'를 고안했고, 정보처리의 이론 모형 '튜링 기계'를 제안해 현대 컴퓨터의 초석을 놓았다. 또 얼룩말이나 호랑이 같은 동물의 겉모습에서 보이는 얼룩무늬를 형성하는 미시적인 메커니즘을 제안하기도 했다. 튜링이 제안한 방법으로 형성되는 무늬를 '튜링 패턴'이라 부른다. 튜링은 여러 분야의 과학적 성취에 자신의 이름이 붙은, 먼 미래에도 우리가 계속 기억할 정말 뛰어난 과학자다.

어미 달마티안과 강아지 여럿이 담긴 사진을 보자. 어린 달마티안 강아지가 성장하면서 얼룩덜룩한 무늬의 모습이 변한다는 것을 알 수 있다. 어린 강아지의 작고 검은 반점은 시

달마티안 어미와 강아지.
사진 출처: wikimedia commons.

간이 지나며 점점 성장하고, 전체 반점의 숫자는 줄어드는 것처럼 보인다. 도대체 달마티안의 얼룩덜룩 무늬는 어떻게 형성되는 것일까? 튜링이 1952년 출판한 논문의 제목은 "The Chemical Basis of Morphogenesis(형태 발생의 화학적 근거)"이다. 제목에서 짐작할 수 있듯이, 생명체가 보여주는 형태가 만들어지기 위한 화학적 근거를 제안한 논문이다. 색소를 만들어내는 화학물질 P^{pigment}와 이의 생성을 방해하는 화학물질 I^{inhibiter}가 있다고 하자. P와 I는 둘 모두 시간이 지나면서 주변으로 확산되는데, P는 자신을 만들어내기도 하지만 I도 만들어낸다. 그런데 두 번째 물질 I는 색소 물질인 P의 형성을 방해한다. 이 가정을 반응–확산 방정식$^{reaction-diffusion equation}$

이라 불리는 수식의 꼴로 적고 풀면 두 물질의 공간 분포가 시간에 따라 변해가는 모습을 볼 수 있다. 모형의 구체적인 꼴을 잘 조절하면 튜링 패턴의 모습이 사진의 달마티안 강아지와 어미처럼 시간에 따라 변하는 것도 재현할 수 있다. 튜링은 많은 생명이 보여주는, 개체마다 다른 다양한 형태를 단순한 화학적 메커니즘을 통해 설명할 수 있다는 것을 명확히 보여주었다.

다음은 도마뱀 얘기다. 유럽에서 발견되는 한 도마뱀 종은 밝고 어두운 두 종류의 색을 띤 여러 비늘로 이루어진 아름다운 무늬를 보여준다. 2022년 물리학 분야의 저명한 학술지 〈피지컬 리뷰 레터스$^{Physical\ Review\ Letters}$〉에 재밌는 논문(DOI: 10.1103/PhysRevLett.128.048102)이 출판되었다. 통계물리학 분야에는 자석이 어떻게 자성을 갖게 되는지를 설명하는

도마뱀의 알록달록 비늘무늬.
사진 제공: 스위스 제네바 대학교 M. Milinkovitch. https://www.lanevol.org.

간단한 표준모형인 이징 모형Ising model이 널리 쓰인다. 논문의 연구자들은 이징 모형을 이용해 도마뱀의 알록달록 무늬를 재현해낼 수 있다는 것을 멋지게 보여주었다.

원자의 스핀은 자기 모멘트를 가져서, 우리에게 익숙한, 하지만 크기는 정말 작은 막대자석에 비유할 수 있다. 이징 모형을 구성하는 많은 수의 스핀(작은 막대자석)은 아주 낮은 온도에서는 같은 방향으로 정렬하려는 경향을 보이게 된다. 바로 이런 방식으로 정렬할 때 에너지가 더 낮고, 온도가 아주 낮아지면 모든 물질은 가장 에너지가 낮은 바닥상태를 선호하기 때문이다. 한편, 온도가 높아지면 이제 스핀들은 뒤죽박죽 아무 방향이나 가리키려는 경향이 강해진다. 마구잡이 방향으로 뒤죽박죽 늘어선 상태가 엔트로피가 더 높고, 온도가 아주 높아지면 모든 물질은 가장 엔트로피가 높은 상태를 선호하기 때문이다. 결국 낮은 온도에서는 모든 스핀이 한 방향으로 정렬해 전체가 커다란 자성을 갖게 되고, 높은 온도에서는 스핀의 방향이 뒤죽박죽이 되어 전체가 자성을 보일 수 없게 된다는 것을 쉽게 짐작할 수 있다. 이징 모형을 이루는 스핀은 위와 아래처럼 딱 두 방향만을 가리킬 수 있다. 낮은 온도에서 스스로 강한 자성을 만들어내는 강자성 물질이, 온도가 높아지면 결국 자성을 잃게 되는 이유를 이징 모형으로 이해할 수 있다.

도마뱀 사진을 다시 보자. 도마뱀 비늘 하나하나는 어둡고 밝은 딱 두 종류의 색만을 보여준다. 마치 위와 아래, 딱 두 방향만 가질 수 있는 강자성 이징 모형의 스핀처럼 말이다. 표준적인 강자성 이징 모형의 스핀은 주변의 스핀이 자신과 같은 방향인 상황을 선호한다. 그럴 때가 에너지가 더 낮기 때문이다. 만약 도마뱀 비늘의 색이 강자성 이징 모형과 같은 방식을 따른다면, 같은 색조의 여러 비늘이 한 덩어리로 크게 뭉친 상황이 에너지가 더 낮아 도마뱀 비늘무늬가 선호하는 모습일 것으로 짐작할 수 있다. 하지만 사진의 도마뱀은 밝은 색조의 비늘 주위에는 마찬가지로 밝은 색이 아닌, 어두운 색조를 가진 비늘이 더 많은 모습을 보여준다. 결국 강자성 이징 모형으로는 사진의 도마뱀 비늘무늬 패턴을 설명하기 어렵다는 것을 알 수 있다.

논문의 연구자들은 도마뱀 비늘무늬를 설명하기 위해서 강자성이 아닌 반자성 이징 모형을 이용했다. 인접한 스핀이 같은 방향을 가리킬 때보다 서로 반대 방향을 가리킬 때 에너지가 더 낮아지는 것이 바로 반자성 이징 모형이다. 따라서 사진의 도마뱀 비늘무늬를 제대로 설명하려면 강자성이 아닌 반자성 이징 모형이 더 적합하다는 것을 알 수 있다. 여러 스핀으로 구성된 이징 모형에서 스핀들은 주어진 격자 구조의 꼭짓점들에 놓인다. 도마뱀 비늘무늬를 설명하기 위해 이용할 반자성 이징 모형의 격자 구조는 어떤 모습일까? 도마뱀 사진을 유심히 보면 답이 보인다. 바로 삼각격자 구조다. 삼각격자는 쉽게 주변에서 볼 수 있다. 책상 위에 100원짜리 동전을 여럿 늘어놓고 사방에서 밀어 전체의 면적을 가능한 한 줄일 때 우리가 결국 보게 되는 격자 구조가 바로 삼각격자다. 동전 각각의 중심점을 서로 선으로 연결하면 정삼각형 하나의 꼭짓점은 모두 여섯 개의 꼭짓점이 둘러싸고 있다. 사진의 도마뱀 비늘무늬에서도 대부분의 위치에서 비늘 하나 주위를 다른 여섯 개의 비늘이 둘러싸고 있는 것을 확인할 수 있다.

자, 이제 삼각격자 구조의 반자성 이징 모형이 도마뱀 비늘무늬를 설명하기에 적합하다는 것을 알 수 있다. 그런데 아직 하나 더 남은 것이 있다. 사진을 보면 밝은 색 비늘보다 어두운 색 비늘이 더 많다. 이징 모형의 입장에서는 마치 위를 향하는 스핀이 아래를 향하는 스핀보다 더 많은 상황에 대응한다. 이것도 해결 가능하다. 바로 이징 모형에 외부에서 자기장을 걸어주는 상황을 생각하면 된다. 스핀은 외부 자기장과 같은 방향을 가리킬 때 에너지가 더 낮아서 윗방향의 외부 자기장이 있다면 전체 스핀 중 위를 가리키는 스핀의 숫자가 더 늘어나기 때문이다.

지금까지의 논의를 모두 모아보자. 사진의 도마뱀이 보여주는 알록달록 비늘무늬를 설명하는 통계물리학의 모형은, 외부 자기장이 있는 삼각격자 위의 반자성 이징 모형일 것을 짐작할 수 있다. 논문의 저자들은 이징 모형의 온도, 스핀 사이 상호작용의 세기, 그리고 외부 자기장의 세기를 적절히 조

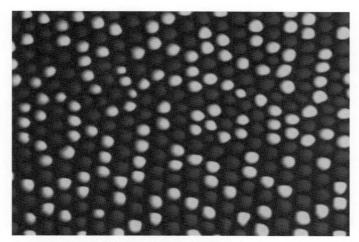

이징 모형으로 재현한 도마뱀의 알록달록 비늘무늬.
사진 제공: 스위스 제네바 대학교 M. Milinkovitch. https://www.lanevol.org.

절해서, 도마뱀 비늘무늬를 상당히 그럴듯하게 재현했다. 바로 위의 그림이 컴퓨터를 이용해 저자들이 구현한 결과다. 실제 도마뱀의 비늘무늬와 상당히 유사한 모습이다.

달마티안의 얼룩무늬, 도마뱀의 알록달록 비늘무늬 등 현실에서 우리가 쉽게 찾아볼 수 있는 복잡하고 아름다운 패턴이 많다. 이 글에서 본 것처럼, 현실이 보여주는 복잡함의 바탕에서 의외로 단순한 메커니즘을 찾을 수 있을 때도 있다. 아무리 자연이 복잡해 보여도 그 안에서 단순성을 찾으려는 인류의 치열한 노력의 이름이 과학이다. 도마뱀과 자석처럼, 여럿을 하나로 관통하고자 하는 것이 물리학의 방식이다.

5부

이것저것
들여다보기

테드 창의 소설

내 주변 여러 물리학자가 "물리학자를 위한 소설을 쓰는 작가"라고 평가하는 SF 작가가 몇 있다. 그중 한명이 바로 테드 창이다. 과학자의 취향에 딱 들어맞는 소설을 쓴다. 대학에서 물리학과 컴퓨터 공학을 전공한 테드 창은 과학에 대한 깊은 이해에 바탕한 멋진 작품을 여럿 발표했다. 자신이 익힌 과학 지식을 당연한 것으로 받아들이지 않고, 깊은 고민과 성찰을 소설에 담아낸다. 과학에 기반한 흥미로운 질문을 먼저 떠올리고 그 질문을 중심축으로 소설의 줄거리를 진행시키는 것이 작가의 소설 작법의 특징이라는 것이 내 생각이다.

테드 창의 소설집 《당신 인생의 이야기》에는 모두 8편의 단편이 담겨 있다. 영화 〈컨택트〉로도 만들어져 유명한 〈네 인생의 이야기〉는 고전역학을 기술하는 두 방법에 대한 이야기가 소설의 중심축이다. 미분과 적분의 꼴로 물체의 운동을 기술하는 방법은 물리학과 학생이면 누구나 2학년 과정에서 배우는 내용이다. 우리는 둘 중 미분을 이용한 방법에 더 익숙하다. 현재 위치와 속도로부터 짧은 시간 뒤 미래의 정보를 알아내는 뉴턴의 운동방정식의 세계관이다. 한편, 적분 꼴의 고전역학에서는 과거에서 미래로 이어지는 전체 시간 경로에 대해 어떤 양을 적분한 것(작용action)의 극값을 구하게 된다. 고전역학의 적분 꼴 방법의 결과로 얻어진 답은 과거에서 미래로 이어지는 경로 전체다. 우리 지구인이 시간 축을 따라 터벅터벅 한 발짝씩 앞으로 걸음을 내딛는 방식에 익숙하다면, 〈네 인생의 이야기〉 속 외계인은 출발지에서 목적지까지의 전체 경로를, 첫걸음을 떼기 전에 이미 알고 있는 존재다. 외계인이 보는 세상에서는 미래도 과거처럼 딱 하나의 외길로 이미 결정되어 주어져 있는 형태로 보이게 된다. 〈네 인생의 이야기〉의 주인공인 지구인 언어학자는 외계인 언어를 배워 적분 꼴 세계관을 습득하고, 미래도 과거처럼 이미 알고 있는 인식의 수준에 도달하게 된다.

단편집의 다른 소설 〈바빌론의 탑〉에서의 중심 질문은 바로 "만약 천동설이 진리라면?"이다. 우주의 중심에 있는 지구로부터 하늘로 계속 오르면 우리가 보는 행성과 태양의 움직임은 어떤 모습일지, 그리고 천동설에서 상상한 우주 가장자리 둥근 지붕 천구의 바깥에는 무엇이 있을지를 작가는 상상한다. 단편 〈영으로 나누면〉도 재밌다. 수학에서 어떤 수를 영으로 나누는 것은 금지되어 있다. 만약 0으로 나누는 것이 허락된다면 어떤 일이 생길까? 예를 들어, 2를 0으로 나눈 값을 x라고 부르면 $2/0 = x$가 되고, 양변에 0을 곱하면 $2 = 0$이라는 엉뚱한 식을 얻게 된다. 즉, 어떤 숫자를 0으로 나누는 것이 허락되는 세계에서는 2와 0은 같은 값이라는 결론을 얻게 된다. 〈영으로 나누면〉에서 작가가 묻는 중심 질문이 바로 이 이야기다. 어떤 숫자를 영으로 나누는 것이 논리적으로 아무런 문제를 일으키지 않는 것을 명징하게 깨달은 가상 세계 수학자의 고민을 작가는 소설로 풀어냈다.

테드 창의 단편집에 수록된 다른 단편 〈일흔 두 글자〉는 〈네 인생의 이야기〉와 함께 내가 가장 좋아하는 단편이다. 언어가 가진 마술적인 힘, 생물학의 전성설, 열역학, 그리고 재귀의 개념 등이 적절히 연결되어 소설의 줄거리가 이어진다. 소설의 시대적 배경은 차티스트 운동이 일어난 빅토리아 여왕시대의 영국이다. 그런데 가만히 읽다 보면 실제의 19세기 영국이 아니다. 실제 현실과 달리, 지금은 잘못된 것으로 밝혀진 당대의 과학 지식이 '진리'인 가상의 세상이다. 일종의 평행 우주라고 할 수 있다. 당시 현미경의 개발로 난자와 정자의 존재는 실제로도 이미 잘 알려져 있었다. 하지만 정자와 난자가 만나 수정이 이뤄진 다음 태아가 발생하게 되는 과정에 대한 이해는 현대의 이해와 무척 달랐다. 한동안 과학자들 사이에는 남성 정자의 내부에 아주 작은 크기의 인간인 호문쿨루스homunculus가 담겨 있다는 주장이 실제로도 있었다. 정자 속 작은 인간인 호문쿨루스가 난자와 결합해 실제 크기의 인간으로 성장하는 것이 발생의 과정이라는 주장이다. 이러한 이론이 바로 전성설前成說이다. 인간의 모습이 수정 이전에 이미 완성되어 있다는, 지금의 기준으로는 일종의 유사과학에 해당한다. 정자는 형상을, 난자는 질료를 태아에게 제공한다는 면에서 아리스토텔레스의 고대 철학도 떠오르는 주장이다. 테드 창은 이 단편에서 "만약 전성설이 진리라면?"이라는 질문을 중심축으로 해서 소설을 진행시킨다. 소설에 그려진 19세기 영국은 호문쿨루스가 실제로 존재한다는 것이 과학적 진리인, 가상의 평행 우주 안 세상이다.

작가의 상상이 자못 흥미롭다. 한 인간 남성의 정자에서 호문쿨루스를 얻고, 이를 실제 인간의 크기와 비슷하게 키워 내는 과정이 가능하다면, 우리는 이렇게 배양한 호문쿨루스의 정자를 다시 또 채취해서 또다시 그 안의 호문쿨루스를 볼 수 있게 된다. 소설 속 가상 세상의 과학자들은 이 과정을 여러 번 반복하다가 충격적인 진실에 마주치게 된다. 인간 남성의 정자로 호문쿨루스를 재귀적으로 배양하는 과정을 이어가 보니, 앞으로 여섯 번째 이후 세대 호문쿨루스의 정자에는 호문쿨루스가 들어 있지 않다는 발견이다. 즉, 앞으로 여섯 세대가 지나면 인류가 결국 모두 멸망한다는 결론에 이른 것이다.

인류의 종말을 미리 알게 된 과학자들은 적절한 마술적 주문이 물리적인 힘을 갖게 된다는 '명명학'을 이용해 이 문제를 해결하려 한다. 소설 속 가상 세계의 명명학은 놀라울 정도로 발전해 있다. 물질로 작은 인형을 만든 후, 적당한 주문을 글로 적어 인형의 슬롯에 삽입하면 인형이 스스로 작동하는 것이 가능한 세상이다. 이러한 자동인형은 주변의 열에너지를 유용한 일로 바꿀 수 있어서, 작동을 계속하면 인형 주변의 온도가 낮아진다는 이야기도 소설에 적혀 있다. 즉, 소설 속 가상 세상에서는 엔트로피 증가를 이야기하는 열역학 제2법칙도 성립하지 않는다. 명명학을 잘 이용해서 만약 '재귀'가 가능하도록 할 수 있다면 어떻게 될까? 재귀의 주문을 호문쿨루스에 각인하게 되면, 이렇게 탄생한 호문쿨루스도 '재귀'가 가능하게 되어 세대를 계속 이어갈 수 있게 된다. 즉, 전성설, 명명학, 그리고 재귀를 이용해 인류 종말의 위기를 극복하는 것이 가능하게 된다. 소설의 결말에서 작가가 명확히 밝히지 않았지만, 인류의 영속이 가능한 재귀적인 개체 발생의 암호는 우리 몸 안 세포에 들어 있는 실제 인간의 DNA에 해당한다. DNA에 담긴 정보가 바로 명명학의 주문인 셈이다.

인터넷에서 자료를 찾아보니 테드 창은 나와 동갑이다. 대학에서 물리학을 공부했다는 공통점도 있다. 작가의 과학적 상상력이 무척 부러웠다. 같은 것을 배워도 우리는 얼마든지 다른 상상을 할 수 있어야 하지 않을까. 과학은 시작이 주어지면 끝까지 자동으로 이어지는 자동 기계 장치가 아니다. 현실 과학 연구가 진행되는 매 단계마다 상상이 필요하다. 상상력은 과학 연구와 과학 교육이 성공을 거두기 위한 필요조건이다.

〈테넷〉과 시간의 물리학

영화 〈테넷TENET〉을 재밌게 봤다. 미래에 만들어져 현재의 시점에서 활동하는 영화 속 조직의 이름이기도 한 'TENET'은 묘한 특성이 있는 단어다. 철자를 앞이 아닌 뒤에서부터 시작해 거꾸로 적어도 정확히 같은 'TENET'이 된다. 주어진 대상에 어떤 변환을 했는데 아무런 변화가 없을 때, 물리학에서는 이 대상이 대칭성이 있다고 말한다. 'TENET'은 앞뒤를 뒤집는 변환에 대해서 불변이니 앞뒤 뒤집음 대칭성이 있고, 종이에 예쁘게 그린 원은 몇 도를 돌려도 항상 같은 모습이어서 회전 대칭성이 있다. 영화를 관통하는 주된 주제가 바로 시간 되짚음(뒤집음) 대칭성에 대한 이야기다. 과거에서 미래를 향하는 시간의 자연스러운 흐름을 뒤집어, 미래에서 과거를 향해 거꾸로 시간이 흐르는 세상을 생각해본 놀라운 영화다.

과거로의 시간여행을 다룬 영화는 이전에도 많았지만, 미래에서 과거를 향해 시간의 역방향으로 진행하는 사람과 시간의 정방향으로 진행하는 사람이 만날 때 서로를 어떤 모습으로 볼지를 상상해본 영화는 거의 없었다. 시간의 정방향을 따라 진행하는 내가 시간의 역방향을 따라 진행하는 사람을 만나면, 이 사람은 뒷걸음으로 움직이는 것으로 보인다. 한편 시간의 역방향을 따라 진행하는 바로 그 사람이 시간의 정방향으로 진행하는 나를 보면, 그 사람은 거꾸로 내가 뒷걸음질하는 것을 본다. 우리나라에서 제작한 영화에도 이런 장면이 나온다고 한다. 152회 대덕과학포럼에서 〈영화 TENET의 물리학〉을 강의한 기초과학연구원의 장상현 박사가 김성수 감독의 2004년 단편영화 〈빽Back〉이 모든 사람이 뒤로 걷는 세상에서 혼자서만 앞으로 걷는 사람의 이야기를 담았다고 소개해주었다.

　　손에 들고 있는 유리컵을 떨어뜨리면 바닥에 떨어져 산산조각이 나서 여기저기로 유리조각들이 흩어진다. 이 장면을 동영상으로 찍고 거꾸로 틀면, 바닥 여기저기 흩어져 있던 조각들이 다시 모여 유리컵이 만들어지고, 공중으로 튀어 올라 손바닥 위에 얌전히 올라서는 모습을 보게 된다. 유리조각이 다시 모여 유리컵이 되는 것도, 바닥에 있던 유리컵이 저절로 손바닥 위로 올라서는 것도, 우리는 살면서 단 한 번도 보지 못한 현상이다. 동영상을 거꾸로 틀어 보면 우리 모두는 직관적으로 무언가가 잘못되었다고 느낀다. 영화를 거꾸로 틀면 사람들이 재밌어하며 웃음을 터뜨리지만, 물리학자라면 거꾸로 튼 영화를 보면서 웃을 수 없다고 리처드 파인먼은 말했다. 물리학을 공부한 사람이라면 거꾸로 튼 영화를 보면서 심각한 고민에 빠지는 것이 당연하다는 뜻이다. 이유가 있다. 물리학의 기본 법칙은 시간 되짚음 대칭성이 있어서, 얼마든지 시간이 거꾸로 흐르는 것을 허락하기 때문이다. 거꾸로 튼 동영상 속 모습도 물리학의 기본법칙을 따른다. 그런데 왜 우리는 거꾸로 튼 동영상을 보며 무언가 잘못되었다고 느끼는 걸까?

지구가 작은 점으로 보일 정도로 아주 먼 거리에서 태양 주위를 공전하는 모습을 찍은 동영상을 상상해보자. 먼 북쪽 방향에서 찍은 동영상이라면, 시간이 흐르면서 지구가 반시계방향으로 공전하는 것을 볼 수 있다. 만약 먼 남쪽 방향에서 찍은 동영상이라면, 지구는 시계방향으로 돈다. 자, 이 동영상을 거꾸로 틀면 어떻게 보일까? 북쪽에서 찍은 동영상을 거꾸로 틀면 지구가 시계방향으로 공전하는 모습을 보게 되어서, 남쪽에서 찍은 동영상을 시간의 정방향으로 틀었을 때와 같아 보인다. 즉, 우리는 멀리서 찍은 지구 공전 동영상을 재생할 때, 거꾸로 틀었는지 아니면 원래 찍은 대로 보여주고 있는지를 구별할 수 없다. 지구가 한 점으로 보이는 지구 공전 동영상은 거꾸로 틀어도 하나도 이상해 보이지 않는다. 그런데 만약 이 상상의 동영상의 장면을 확대하고 또 확대해서 지구

표면을 걸어가는 사람의 모습을 볼 수 있을 정도가 되면 사정이 달라진다. 이제 거꾸로 튼 동영상 속 사람들은 모두 뒷걸음으로 움직인다. 상상의 사고실험이지만 결과가 흥미롭다. 지구가 한 점으로 보이는 동영상에서는 시간 되짚음 대칭성이 있어서 시간이 미래로 흐르는지 과거로 흐르는지 구별할 수 없는데, 같은 동영상의 부분을 확대하고 확대해 사람을 볼 수 있을 정도가 되면 시간 되짚음 대칭성이 깨져 과거와 미래가 달라 보인다. 멀리서 본 모습인지, 크게 확대해 세세한 정보를 볼 수 있는 모습인지에 따라서, 같은 동영상이어도 시간 되짚음 대칭성이 달라 보인다.

위에서 소개한 사고실험에 대한 표준적인 해석이 있다. 바로 볼츠만이 이야기한 엔트로피 증가와 시간의 방향에 대한 이야기다. 살면서 우리는 많은 입자들로 구성되어 있는 커다란 세상을 주로 마주한다. 커다란 전체에는 엄청나게 많은 변수들(물리학에서는 이를 '자유도'라고 부른다)이 들어 있다. 수많은 자유도를 가진 큰 세상에서는, 일어날 확률이 큰 사건이 관찰될 수밖에 없다는 것이 엔트로피 증가 법칙의 자명한 의미다. 눈 감고 여기저기 아무거나 집어 던지면 방을 점점 더 어지럽힐 수 있다. 아무렇게나 집어 던졌는데 방이 깨끗이 정돈되는 일을 결코 볼 수 없는 이유는, 정돈된 상태에 해당하는 경우의 수가 어지럽혀진 상태에 해당하는 경우의 수보다 훨씬 작아서 어지럽혀진 상태가 관찰될 확률이 훨씬 더 크기 때문일 뿐이다. 시간이 흐르면 방은 점점 더 어질러져 엔트로피가 증가한다. 거시적인 세계에서는 시간 되짚음 대칭성이 깨져 있어, 엔트로피가 늘 증가하는 시간의 정방향 흐름과 엔트로피가 줄어드는 시간의 역방향 흐름이 확실히 구별된다. 영화를 거꾸로 틀면 모두가 이상하다고 느끼는 세상이다. 잉크 방울을 구성하는 수많은 입자들이 물속으로 확산되는 것을 떠올리면 된다. 하지만 자유도가 하나나 둘 정도로 적은 세상은 다르다. 잉크 방울을 구성하는 입자가 딱 하나라면, 이 입자가 물속에서 여기저기 움직이는 모습은 동영상을 거꾸로 틀어도 전혀 이상할 것이 없다. 거시적인 계에서 엔트로피가 증가하는 모습을 보면서 우리는 시간이 흐른다고 해석한다. 하지만 시간의 흐름과 엔트로피 증가가 늘 동시에 함께 관찰된다고 해서, 둘 사이에 인과관계가 존재하는 것은 아니다. 시간이 흐르면 우리는 늘 엔트로피가 증가하는 것을 보지만, 엔트로피를 줄인다고 시간이 거꾸로 흐르는 것은 아니다.

시간은 왜 과거에서 현재를 거쳐 미래로 흐르는 것일까? 시간의 화살은 왜 한 방향만을 가리키는 것일까? 물리학계의 표준 설명은 바로 고립계의 엔트로피가 저절로 늘어나는 변화의 방향이 바로 시간의 화살이 가리키는 방향이라는 것이다. 많은 입자로 이루어진 시스템이 외부의 영향에서 완벽히 차단되어 고립되어 있는데, 이 시스템의 엔트로피가 저절로 줄어드는 모습이 담긴 동영상을 독자가 보고 있다고 하자. 이

동영상은 시간이 과거에서 미래를 향해 흐르면서 엔트로피가 줄어드는 것을 촬영한 것이 아니다. 단지 원래의 동영상을 거꾸로 튼 것뿐이라는 것이 물리학자 대부분의 입장이다.

〈그녀〉로 생각하는
사랑의 의미

영화 〈그녀Her〉는 〈존 말코비치 되기〉와 함께 스파이크 존스가 감독한 멋진 영화다. 〈존 말코비치 되기〉에서 사람의 몸과 의식의 문제를 재밌게 다룬 감독은 〈그녀〉에서 우리 모두의 관심사, 바로 '사랑'에 대해 묻는다. 사랑에 빠질 때, 도대체 우리가 사랑에 빠지는 대상은 과연 무엇일까? 보이지 않고 들을 수 없고 닿을 수 없는 존재와는 사랑에 빠질 수 없다면, 보고 듣고 닿는 그 생생한 감각이 사랑의 대상인 걸까? 먼 훗날 현실의 사람과 구별할 수 없고 심지어는 사람을 뛰어넘는 인공의 존재가 도래하게 될 때, 우리는 이런 존재와도 사랑에 빠질 수 있을까?

영화배우 호아킨 피닉스가 주인공 테오도르 역을 열연했다. 어떤 배우가 얼마나 뛰어난지 테스트하는 나만의 방법이 있다. 인터넷을 검색해 그 배우가 출연한 영화 속 캐릭터들을 찾아본다. "아니, 이 영화의 이 배우도 이 사람이었어?" 하고 깜짝 놀라게 되는 배우가 난 참 좋다. 호아킨 피닉스는 2019년 개봉한 영화 〈조커〉의 주인공 역을 연기했고, 2000년 개봉한 〈글래디에이터〉에서는 마르쿠스 아우렐리우스 황제의 아들 코모두스의 역을 맡았다. 도저히 믿기지 않을 정도로 세 영화에서 보여준 모습이 인상적이면서도 모두 서로 달랐다.

테오도르는 의뢰인을 대신해 손글씨체로 출력한 멋진 편지를 보내주는 회사에서 일한다. 의뢰인과 편지 수취인 사이에서 일종의 인터페이스 역할을 한다고 할 수 있다. 의뢰인과 수취인의 오랜 관계를 고민해 아주 개인적인 느낌까지도 편지에 담아내는 놀라운 감수성을 가진 사람이다. 하지만 테오도르 본인은 힘든 시간을 보내고 있다. 아내와 사이가 멀어져 이혼 직전까지 간 테오도르는 슬프고 고통스러운 시간을 버티다 인공지능 프로그램 OS1을 구입한다. 처음 대화를 시작하고 이름을 묻자 OS1은 짧은 시간 엄청난 데이터를 분석해 자기가 좋아하는 이름으로 '사만다'를 직접 고른다. 둘의 관계의 시작이 '이름 짓기'라는 것도 흥미롭다. 현실의 우리도 마찬가지다. 우리가 새로운 이를 만나 처음 묻는 것이 이름이다. 모든 관계의 출발점은 구별짓기다. 이름으로 대표되는 각 존재의 유일성이 없다면 우리는 어느 누구와도 교감할 수 없다. 이름이 없다면 그는 내게 와 꽃이 될 수 없다.

영화를 보면서, 튜링 테스트가 떠올랐다. 음성이나 문자만으로 소통하면서 상대가 인간이 아니라는 것을 도저히 알아낼 수 없다면, 잠정적으로 상대를 인간으로 간주하자는 아이디어가 튜링 테스트의 근간에 놓여 있다. 상자를 뜯고 그 안에 정말로 무엇이 있는지를 보지 말고, 인터페이스를 통해 넘나드는 정보만을 판단의 대상으로 삼자는 아이디어다. 영화 속 사만다는 단연 튜링 테스트를 통과할 수 있을 것으로 보였다.

로봇공학 분야에 '불쾌한 골짜기'라는 것이 있다. 사람과의 유사성이 늘어날수록, 우리는 대상에 더 강한 친밀감을 느낀다. 선인장보다 금붕어에, 금붕어보다 햄스터에, 그리고 햄스터보다 강아지에 우리가 더 친밀감을 느끼는 것은, 선인장보다 강아지가 인간과 훨씬 더 유사하기 때문이다. '불쾌한 골짜기'는 사람과의 유사성이 점점 더 늘어나면, 어느 시점에서는 우리가 극도로 불쾌한 감정을 느끼게 된다는 것을 뜻한다. 이 깊은 골짜기를 넘어선 로봇이나 인공지능은 아직 없고, 그렇다면 이 골짜기 바로 앞에서 유사성을 늘리는 노력을 멈추는 것이 낫다. 〈그녀〉의 사만다가 목소리만으로 존재하는 것이, 물리적 실체를 가진 로봇으로 사만다를 구현하는 것보다 오히려 친밀감의 면에서 유리할 수 있겠다는 생각도 할 수 있다.

사랑에 빠질 때 우리는 도대체 무엇과 사랑에 빠지는 걸까? 테오도르는 스마트폰에서 출력되는 컴퓨터가 생성한 음성으로 사만다와 소통한다. 스마트폰의 음성 신호가 바로 테오도르와 인공지능 사만다를 연결하는 인터페이스다. 내가 영화를 보면서 반복적으로 떠올린 것이 바로 '인터페이스'라는 단어였다. 보고 듣고 닿는 매개체인 인터페이스 없이 우리가 정말 어떤 존재를 사랑할 수 있을까? 인터페이스는 영원히 닿을 수 없는 참 존재를 가리는 장막일까, 아니면 그 존재 본연의 모습을 가감 없이 명확히 전달하는 투명유리일까? 내가 보는 당신의 모습, 귀에 들리는 당신의 음성, 페이스북에 남긴 문장은 당신의 존재 자체일까, 아니면 당신의 진면목을 흐리는 오류 있는 인터페이스일까? 나와 다른 이 사이에 놓인 인터페이스가 서로를 충실하게 반영한다는 믿음이 없다면 사랑도 불가능하지 않을까? 믿음과 소망과 사랑, 그중에 제일은 사랑이라고 하지만, 어쩌면 믿음일 수도 있겠다. 그가 보여주는 모습을 믿을 수 없다면 사랑도 가능하지 않을 테니 말이다. 우리는 사람을 만나지만, 사실 우리가 실제로 접하는 것은 둘 사이의 인터페이스일 뿐이다. 그렇다면 사람 사이의 공감과 교감, 그리고 사랑은 인터페이스의 충실성에 대한 증명할 수 없는 믿음에 근거하는 것일 수 있다. 아니, 어쩌면 흐릿한 인터페이스 너머, 상대의 참모습을 기적처럼 볼 수 있는 사람만이 사랑에 빠질 수 있는 것일지도 모르겠다.

영화 후반 테오도르는 사만다에게 "당신은 나의 것인지, 아닌지You are mine or you are not mine" 둘 중 하나로 답해달라고 절실한 마음으로 묻는다. 사만다는 "나는 당신의 것이면서 동시에 당신의 것이 아니다.I am yours and I am not yours"라고 답한다. 논리학에 따르면 나는 한국 사람이면서 동시에 한국 사람이 아닐 수는 없다. 모순된 둘이 있다면, 둘 중 하나만 가능하다는 너무나 자명한 논리다. A이면서 동시에 A가 아니라는 사만다의 말은 논리적 모순처럼도 들린다. 나는 이 흥미로운 대사에서, 어쩌면 인간의 배중률도 미래의 인공지능의 눈에는 넘어서야 할 한계일 수도 있겠다는 생각이 들었다. 둘 중 하나를 꼭 우리가 늘 골라야 하는 것은 사실 아니다. 〈그녀〉는 SF 영화지만, 동시에 SF 영화가 아니다. 미래의 인공지능이 미리 보여주는 두 존재 사이의 사랑에 대한 영화다.

선조들의 시공간

나는 바로 지금, 바로 이곳에서 이 글을 적고 있다. 우리 모두가 무언가를 할 때는 항상 '언제', '어디서' 한다. 우리 일상에서 모든 사건은 공간상의 한 곳에서, 그리고 시간상의 한 때에 일어난다. 연극에서 무대의 크기와 구조는 배우의 연기에 영향을 미치지만, 배우의 연기 자체가 무대를 바꾸지는 않는다. 사건이 그 안에서 일어나는 시공간은 연극의 빈 무대를 닮았다. 연극이 끝나 배우가 떠나도 무대는 남듯이, 시공간은 사건의 발생과 무관하게 주어진 어떤 것이다. 시공간이라는 빈 무대에서 사건이 일어난다.

오랫동안 물리학의 시간과 공간의 의미는 이처럼 사건이 발생하는 빈 무대와 같았다. 같은 무대 위에서 다른 연극이 공연될 수는 있지만, 연극이 일단 공연되면 연극의 내용은 무대를 바꿀 수는 없다는 것이 물리학의 시공간 개념이었다. 철학자 칸트도 사건이 벌어지는 빈 무대로서의 시공간을 얘기한다. 시공간은 우리가 무언가를 경험하는 형식이지, 경험 자체는 아니라는 입장이다. 경험은 항상 시공간이라는 경험의 형식 안에서 일어난다. 내가 무얼 하든 시간은 일정한 빠르기로 과거에서 현재를 거쳐 미래로 나아가고, 공간의 크기는 내가 그 안에서 무엇을 하든, 내가 하는 일과는 무관하게 독립적으로 주어진다. 내가 무얼 하든 내 방의 크기는 변하지 않고, 내가 무얼 하든 내 시계의 한 시간은 항상 한 시간이다.

조선시대 우리 선조들의 시간 개념은 지금과는 무척 달랐다. 해가 지고 나서 다음 날 해가 뜰 때까지인 밤 시간의 길이는 여름과 겨울에 다르다. 당연히 밤은 여름에 짧고 겨울에 길다. 우리가 현재 사용하는 시계가 보여주는 시간은 여름이나 밤이나 한 시간의 길이가 일정하지만, 우리 조상들의 시간의 단위는 계절에 따라 달랐다. 저녁에 진 해가 다음 날 다시 뜰 때까지인 밤 시간을 우리 선조들은 같은 길이의 다섯 구간으로 나눴다. 밤 시간을 5등분한 1경은, 현재 우리가 이용하는 시간으로는 하짓날에는 111분, 동짓날에는 173분이어서 무려 한 시간의 차이가 난다. 농사일이 바쁜 여름날과 농한기인 겨울날, 선조들은 우리의 현재 기준으로는 다른 길이의 시간 동안 잠자리에서 잠을 청했다. 하지만 해가 져서 뜰 때까지라는 똑같은 경험적 시간 동안 바쁜 농사일에서 벗어나 쉬는 시간을 가졌다. 현대의 우리가 재는 시간은 우리가 직접 겪는 일상의 경험과 무관하지만, 우리 선조의 시간은 해 뜨면 일하고 해 지면 쉰다는 당연한 일상에 의해 규정되는 경험적 시간이었다.

선조들의 공간 개념이 우리와 달랐던 예가 바로 논밭의 면적을 재는 단위인 '결'이다. 우리가 현재 이용하는 제곱미터의 단위로 재는 논밭의 면적은 논밭에서 수확하는 농산물의 양과는 전혀 무관하다. 똑같은 100제곱미터 면적의 논이라도 수확량은 천차만별일 수 있다. 흥미롭게도 우리 선조들은 땅의 절대적인 면적이 아닌, 그 땅에서 거둘 수 있는 농산물의 양으로 논밭의 면적을 쟀다. 조선 초, 논 1결은 바로 쌀 300두를 거둘 수 있는 면적이었다. 땅이 좋아 더 많은 소출을 낼 수 있는 논 1결이, 땅이 나빠 소출이 적은 논보다 현재 우리의 기준으로는 면적이 더 작다. 조선 초 시행한 전분육등법에서 땅이 좋아 많은 소출을 내는 1등전의 면적을 토질이 형편없어 수확이 훨씬 적은 6등전의 면적과 비교하면, 무려 네 배의 차이가 난다. 6등전 1결이 1등전 1결 면적의 무려 네 배였다. 소출 중 일부를 나라에서 한 해에 세금으로 거두는 전세田稅는 시기에 따라, 그리고 풍흉에 따라 변했지만, 어쨌든 '1결당 몇 두'로 정해져 있었다.

농사를 짓는 땅 각각의 면적이 제곱미터가 아닌 결의 단위로 정해져 있다면, 국가에서 얼마나 많은 전세를 거둘 수 있는지를 쉽게 계산할 수 있어서 조세의 규모를 예상하기 쉽다. 각 지역 논밭의 결의 수를 재는 것을 '양전量田'이라고 한다. 양전을 통해 전국의 결수를 파악하게 되면 전세의 규모를 쉽게 예상할 수 있게 된다. 우리가 논밭의 면적을 자로 잰다면, 우리 선조들은 소출로 잰다. 농지의 면적은 절대적인 것이 아니라 경험적인 것이었다. 우리가 초와 미터로 시간과 거리를 잰다면, 선조들은 일상의 경험으로 시공간을 쟀다.

오랫동안 절대적이고 선험적인 것으로만 여겨진 물리학의 시공간이 관찰자의 경험에 따라 달라질 수 있음을 알게 된 계기가 된 것이 바로 아인슈타인의 상대론이다. 상대론은 시공간이라는 빈 무대에서 벌어지는 사건을 어떤 관찰자가 보느냐에 따라 시공간이 다르게 보인다는 것을 알려주었다. 땅에 두 발을 딛고 가만히 정지해 있는 내 눈에 일정한 속도로 왼쪽에서 오른쪽으로 움직이는 자동차 안 운전자가 보인다. 지금 이곳에 정지해 있는 내가 관찰한 거리와 시간은, 자동차 안 운전자가 잰 거리와 시간과 다르다. 움직이는 사람이 잰 거리는 줄어들고 시간은 늘어나, 정지한 사람이 잰 거리와 시간과는 다르다. 시공간이라는 무대가 관찰자에 따라 다르게 보인다는 것을 특수상대론이 알려주었다면, 시공간 무대 자체가 무대 안에 놓인 질량에 따라 변형된다는 것을 보인 것이 일반상대론이라고 할 수 있다. 질량에 의해 주변의 시공간이 변형되고, 모든 다른 물체는 이렇게 변형된 시공간을 여행한다. 현대 물리학이 새롭게 발견한 시공간은 더 이상 빈 무대가 아니다. 무대 위에서 일어나는 사건이 다시 무대를 변화시키고, 이렇게 변화한 무대는 그 위에서 벌어지는 사건에 다시 영향을 미친다. 세상 안에서 살아가는 우리 역시 마찬가지라고 할 수도 있겠다. 세상은 내게 객관적으로 주어진 무엇인가로, 내가 어쩔 수 없는 무대로 주어지는 것이 아니다. 세상이라는 무대도 결국 나를 포함한 모든 이들이 함께 만드는 것이다. 우리가 바뀌면 세상도 바뀐다.

일식을 일으키는 법

2020년 6월 21일, 우리나라 전역에서 부분일식을 볼 수 있었다. 다음 일식은 2030년에나 볼 수 있다. 우리 눈과 해를 잇는 직선 위, 해와 지구 사이에 달이 놓여 해를 가리는 것이 일식이다. 지구에서 맨눈으로 봐도 둥근 모습을 쉽게 확인할 수 있을 정도로 늘 크게 보이는 천체는 달과 해, 딱 둘뿐이다. 이 둘이 만들어내는 일식은, 높은 배율의 망원경이나 복잡한 관측장치 없이도 누구나 쉽게 볼 수 있다. 자주 일어나지는 않는, 놀랍고 신기한 천문현상이다.

해는 달보다 무려 400배 정도나 크지만, 달보다는 또 약 400배 더 먼 곳에 있어서, 지구에서 보면 둘은 약 0.5도 각도의 비슷한 크기(시직경)로 보인다. 지구와 달은 각각 해와 지구를 초점으로 한 타원 궤도를 따라 공전한다. 지구에서 해와 달까지의 거리는 일정하지 않고, 따라서 지구에서 본 둘의 시직 경도 조금씩 달라진다. 지구에서의 일식이 때와 장소에 따라 개기일식, 금환일식, 그리고 부분일식의 형태로 다르게 일어 나는 이유다.

해의 일부를 가리는 것이 부분일식, 전부를 가리는 것이 개기일식이다. 상대적으로 지구에서 달이 좀 더 멀 때 일식이 일어나면 달이 해 안에 쏙 들어간 모습으로 보일 수 있다. 이 럴 경우 달이 채 가리지 못한 해 둘레의 밝은 부분이 마치 금 반지처럼 보여 '금환일식'이라 부른다. 일식은 멀리 있는 축구 공을 눈으로 보면서 손에 든 동전으로 그 모습을 가리는 것과 같다. 팔을 뻗어 동전을 더 멀리해 축구공을 모두 가릴 수 없 게 되는 것이 금환일식에 해당한다.

우리가 살아가는 지금은 지구, 달, 그리고 해의 삼각관계 에서 무척이나 특별한 시기다. 달이 지구로부터 조금씩 멀어 지고 있어서, 먼 미래에는 금환일식은 볼 수 있어도 개기일식 은 더 이상 볼 수 없게 된다. 거꾸로, 먼 과거에는 달이 지금보 다 훨씬 더 가까워 금환일식을 볼 수 없었다. 현재는 개기일식 과 금환일식을 모두 볼 수 있는, 지구, 해, 달로 이루어진 일식 삼각관계의 황금기다.

지구에서 달을 보면, 그 모습이 약 한 달을 주기로 변한 다. 그래서 우리가 한 달을 '한 달'이라 부른다. 해 진 직후 서 쪽 하늘에서 볼 수 있는 눈썹 모양 초승달에서 시작해 달의 오른쪽 절반이 밝게 빛나는 상현달이 되고, 일주일쯤 더 지나면 둥근 보름달이 된다. 지구에서 볼 때 달 전체가 둥글고 밝게 빛나는 모습이 되려면 달은 해의 180도 반대쪽에서 햇빛을 정면으로 반사해야 한다. 따라서 보름달은 해가 서쪽에서 질 때 동쪽에서 뜬다. 보름달에서 일주일 정도 더 지나면 이제 달의 왼쪽 절반이 밝은 하현달이 된다. 해가 막 뜨는 새벽녘 하현달은 남쪽 높이 보인다. 날짜가 더 지나면, 해의 오른편에 있는 달은 매일 조금씩 왼쪽으로 이동한다. 결국 해와 아주 가까워지면 우리는 달을 볼 수 없게 된다. 달이 없어졌을 리가 없다. 그믐날에는 밝은 해 바로 옆에 달이 있어 우리가 달을 보지 못할 뿐이다. 달이 해를 정면에서 가리는 것이 일식이니, 당연히 일식은 그믐에만 생길 수 있다. 아니나 다를까, 2020년 일식이 일어난 6월 21일은 음력으로는 4월 29일 다음날인 5월 1일이었다.

맨눈으로 밤하늘을 올려다보자. 수많은 별들이 우리를 둘러싼 커다란 구의 안쪽 면에 붙박여 있는 모습으로 보인다. 별들이 총총히 붙박여 있는 이 천구 전체는 지구에서 보면 하루에 한 번 회전하는 것으로 보인다. 천구 위에는 해가 하루하루 조금씩 움직이는 해의 길인 황도黃道가 놓여 있다. 해는 천구 위에 깔려 있는 기찻길 같은 황도를 따라 한 해에 한 바퀴를 움직인다. 바로 우리가 일 년을 '한 해'라고 하는 이유다. 마찬가지로 달의 길, 백도白道도 천구 위에 놓여 있다. 흥미롭게도 천구 위에 놓인 두 기찻길 황도와 백도는 서로 정확히 겹치지는 않는다. 약 6도의 각도로 서로 기울어 있다. 만약 황도와 백도가 정확히 겹쳐 있다면 우리는 매달 그믐날이면 항상 일식을 볼 수 있다. 일식이 드문 이유는 바로 황도와 백도가 기울어져 있기 때문이다. 황도를 따라 천구 위를 움직이던 해가 황도와 백도가 만나는 교차점에 왔는데, 그때 정확히 그곳에 달이 있어야 일식이 일어난다. 둘의 시직경이 0.5도 정도로 그리 크지 않은 것을 생각하면 일식이 자주 일어날 수는 없는 현상이라는 것, 게다가 달이 해를 전부 가리는 개기일식보다 부분일식이 훨씬 더 자주 일어난다는 것을 쉽게 이해할 수 있다.

　맑은 날 해를 향해 엄지손가락을 치켜들고는 손톱으로 해를 가려보라. 일식이 일어난다. 햇빛 쨍쨍한 여름날 나무 그늘에 들어설 때도 나뭇잎이 해를 가려 일식이 일어나는 셈이다. 우리는 하루에도 수십 번, 일식을 얼마든지 만들어낼 수 있지만 이것을 일식이라 부르지는 않는다. 우주에 있는 무언가를 우주에 있는 다른 무언가가 가리는 것만을 '식'이라고 하기 때문이다. 요즘은 작은 망원경으로도 쉽게 관찰할 수 있는 인공적인 '식' 현상을 볼 수 있다. 국제우주정거장(ISS)이 달이나 해의 앞을 지나치는 모습이다. 지구 둘레를 도는 인공 천체가 해와 달이라는 오래된 천체의 일부를 가리는 인공 일식, 인공 월식이다.

지구 위나 지구 밖이나, 모든 것은 다를 것 하나 없는 원자로 이루어져 있고, 다를 것 하나 없는 물리법칙을 따라 작동한다. 내 몸의 근육을 전자기 상호작용으로 움직여 동전으로 해를 가리나, 중력 상호작용으로 움직이는 달이 해를 가리나, 큰 틀에서는 별로 다를 것 없는 자연현상이다. 아무런 도구 없이도 누구나 쉽게, 아무 때나 일식을 볼 수 있다. 해를 잠깐 보고 눈을 감으면 된다. 눈꺼풀이 해를 가리는 일식이 일어난다. 무언가가 해를 가리는 일이야 이처럼 일상다반사지만, 그래도 난 2030년 일식을 벌써 기다린다. 과학이 분초 단위까지도 정확히 예측한 드문 천문현상을 내 눈으로 직접 확인하는 것은 정말 마법 같은 짜릿한 경험이다. 2035년 9월 2일에는 달이 해를 완전히 가리는 개기일식을 북한 지역에서 볼 수 있다. 그날 북한 땅에서 개기일식을 볼 수 있으면 좋겠다.

혜성의 후예*

해가 져 캄캄한 밤, 모닥불 주위에 둘러앉은 옛사람을 가만히 생각한다. 서로 이러저런 얘기를 재밌게 나누다 선조들이 올려다본 밤하늘을 떠올린다. 인공적인 도시 불빛에 방해받아 침침한 우리 하늘과 다른, 예쁜 별들이 가득 펼쳐진 밤하늘을 말이다.

밤하늘은 우리 조상들의 큰 관심거리였다. 칠흑같이 어두운 밤하늘을 배경으로 반짝반짝 보이는 별빛을 큰 호기심으로 바라봤다. 밤늦도록 밤하늘을 지켜보고 있으면, 별들이

● 이 글은 안상현 박사의 책 《우리 혜성 이야기》(사이언스북스, 2013)를 읽고 배운 내용을 주로 담았다. 혜성에 얽힌 천문학과 우리 선조들이 바라본 밤하늘이 궁금한 모든 분께 이 책을 추천한다.

제자리에 있지 않고 끊임없이 움직이고 있다는 것을 쉽게 알 수 있었다. 북쪽의 별들은 북극성을 중심으로 원의 궤적을 그리며 반시계방향으로 돌고, 고개를 돌려 남쪽 하늘을 보면, 동쪽 지평선에서 떠오른 별은 시계방향으로 남쪽 하늘을 가로질러 서쪽 지평선으로 지는 모습을 볼 수 있다. 매일 바라보면 별들의 상대적인 위치에 변화가 없다는 것도 알게 된다. 국자 모양 북두칠성은 몇 달이 지나도, 몇 해가 지나도, 계속 같은 모습이다. 반짝반짝 수많은 별들이 검은색이 칠해진 둥근 구의 안쪽 면에 딱 붙어, 하루에 한 바퀴씩 네모난 땅을 빙 둘러 회전하는 것처럼 보였다.

일 년 내내 밤하늘을 바라보면 몇몇 별은 다른 별들과 확연히 다르게 움직이는 것을 볼 수 있었다. 천구에 딱 붙박여 다른 별과 나란히 움직이는 어느 한 별의 동쪽에 보였던 특이한 별 하나는, 시간이 지나면 이제 이 별의 서쪽에 보인다. 천구를 배경으로 그 앞을 '여행하는 별', 우리가 '행성行星'이라 부르는 별들이다. 우리 조상들은 모두 다섯 개의 행성을 발견한다. 바로, 수성, 금성, 화성, 목성, 토성이다. 동양 음양오행이 음양사행이나 음양육행이 아니라, 음양오행인 이유다. 목, 화, 토, 금, 수, 다섯 행성에 달과 해를 더하면, 짜잔, 바로 우리가 알고 있는 월, 화, 수, 목, 금, 토, 일, 일곱 요일이 된다. 선조들의 밤하늘은 땅 위를 살아가는 우리와 동떨어진 것이 아니었다. 사람들의 삶이 하루하루 미래를 향해 나아가듯, 이들 친숙한 일곱 천체도 조금씩 위치를 바꾸며 하늘을 운행한다.

모두가 발붙여 살아가는 땅에서 본 천체들 중, 먼 천구를 배경으로 움직임이 꾸준히 관찰되는 것은 이렇게 해와 달, 그리고 다섯 행성뿐이었다. 이들 일곱 천체가 보여주는 움직임은 친숙해서 놀랄 것이 없었다. 하지만 밤하늘에 갑자기 안 보이던 새 별이 등장할 때가 있다. 천구의 다른 별과 비교해 그 위치가 변하지 않는 새 별을 '손님 별', '객성客星'이라 불렀다. 한편, 갑자기 등장한 별 중에는 매일 그 위치가 조금씩 변하는 별도 있다. 심지어 갑자기 밝아진 이들 별은 하늘을 가로지르는 엄청난 길이의 꼬리를 보여주기도 했다. 어느 날 갑자기 세상의 큰 주목을 받기 시작한 사람이 "혜성같이 등장했다"고 말할 때의 바로 그 혜성이다. 치우의 무덤에서 자줏빛 기운이 마치 깃발처럼 퍼져 나온다는 중국 고대 전설이 있다. 혜성 중에도 커다란 꼬리가 넓게 펼쳐진 혜성을 우리 선조들은 '치우의 깃발', '치우기'라고 불렀다.

꼬리가 달린 밝은 혜성이 갑자기 하늘에 등장하면 옛사람들은 두려움에 떨었다. 하늘과 땅이 서로 연결되어 있다는 생각이 모두의 상식이었던 과거, 하늘에 갑자기 나타난 기이한 현상은 땅 위를 살고 있는 우리의 미래에 닥칠 재앙의 경고로 여겨졌기 때문이다. 선조들이 남긴 문헌에도 많은 혜성 관측기록이 남아 있다. 한나라 무제 때 위만 조선이 멸망한 것도 혜성 출현에 연관되었고, 신라시대 장보고, 조선시대 홍경

래가 출병의 결심을 굳힌 것도, 당시 갑자기 등장한 혜성이 영향을 미쳤다. 조선 선조 때 혜성이 등장해 임진왜란을 미리 예고했다는 기록도 남아 있다.

2020년 7월 네오와이즈 혜성이 해에 가장 가까운 위치인 근일점을 통과해, 지구 근처를 지났다. 인터넷에서 당시 혜성의 멋진 사진을 찾아볼 수 있다. 가만히 보면 혜성은 두 개의 꼬리가 있다. 푸른색을 띤 꼬리는 직선을 따라 뻗쳐 있고, 희뿌연 하얀색 꼬리는 휘어 있는 것이 보인다. 각각 이온꼬리, 먼지꼬리라 부른다. 머리카락을 뜻하는 라틴어에서 따와 '코마coma'라 부르는 혜성의 머리 부분은 둥그스름한 구름처럼 보이는데, 그 안에는 수십 킬로미터 정도에 불과한 혜성의 핵이 들어 있다. 혜성의 핵은 고체 상태인 얼음과 드라이아이스, 여러 화학 물질들, 먼지 입자들, 그리고 아미노산과 같은 약간의 유기물질로 이루어져 있다. 겨울철 흙이 많이 묻은 지저분한 눈뭉치 같은 모습이다. 먼 곳에서 출발한 혜성은 해와의 거리가 점점 가까워지면, 햇빛이 전달하는 복사에너지, 그리고 해에서 방출된 여러 입자들의 흐름인 태양풍의 영향을 받게 된다. 온도가 올라 고체인 얼음과 드라이아이스 등이 승화하고, 혜성 핵으로부터 기체와 먼지 입자들이 분출된다. 전기적으로 중성인 먼지 입자들은 주로 혜성의 궤도를 따라 놓이고 햇빛을 반사해 우리 눈에 보이는 희뿌연 먼지꼬리를 만든다. 혜성 핵에서 분출된 가벼운 이온 입자는 태양풍의 영향으로 해에서 혜성을 잇는 직선 방향을 따라 빠르게 움직여 푸르스름한 멋진 이온꼬리를 만든다. 이온꼬리가 가리키는 방향을 거꾸로 짚으면 그곳에 해가 있고, 먼지꼬리가 휘어진 방향을 유심히 보면 혜성이 움직이고 있는 방향과 궤도를 짐작할 수 있다. 혜성이 흩뿌린 먼지 입자들은 우주 공간에 남아, 주로 혜성의 궤도를 따라 놓여 있다. 우리 지구가 혜성의 궤도에 가까운 위치를 지날 때, 혜성이 과거 그곳에 남긴 먼지 입자들이 지구 대기권에 돌입해 불빛을 내며 타 없어진다. 바로 별똥이다. 선조들은 혜성도 별이라 했으니, 혜성이 남긴 먼지 찌꺼기가 밝게 빛나며 사라지는 '별똥'은 정말 그럴듯한 이름이다.

현대 과학의 눈으로 보면, 혜성이 앞으로 닥칠 재앙을 예고한다는 선조들의 믿음은 물론 아무런 근거가 없다. 큰 재앙을 겪은 후에 얼마 전 나타난 혜성의 기억을 더듬어보고, 마치 이전에 출현한 혜성이 이후의 재앙을 예고한 것인 양 기록했을 것이 분명하다. 그래도 하늘과 땅의 모든 것이 하나로 연결되어 서로 영향을 주고받는다는 믿음은 지금도 깊이 새겨볼 가치가 있는 생각이다. 모든 생명을 탄생시킨 지구의 물, 생명체의 몸을 이루는 단백질의 구성요소인 아미노산이, 오래전 지구를 찾아온 수많은 혜성이 우리에게 준 선물이라는 주장이 있다. 만약 그렇다면, 우리 모두는 혜성의 후예다.

늘어나는 되먹임

늘어나면 더 늘어나는 것들이 있다. 전염병에 걸린 사람이 많아지면, 이 사람들은 더 많은 사람을 감염시킨다. 예를 들어, 100명의 감염자가 하루에 20퍼센트인 20명을 감염시킨다면, 이튿날에는 감염자가 120명이 되고, 그다음 날에는 120명이 감염시킨 24명이 더 늘어서 이제 모두 144명이 병에 걸린다. 그다음 날에는 29명이 더 늘어서 173명이 된다. 하루의 신규 감염자를 죽 적어보면, 20, 24, 29, 34, 41명의 꼴로 하루에 추가로 발생하는 감염자가 점점 더 많아진다. 많아지면 더 많아지는, 대표적인 늘어나는 되먹임 현상이다. 연이율이 20퍼센트인 정기예금도 마찬가지로 늘어나는 되먹임을 보여준다. 100만 원 예금이 1년이 지나면 120만 원이 되고, 다시 정기예금에 가입해 1년이 더 지나면 144만 원이 된다. 복리로 늘어나는 이자도 늘어나는 되먹임이다.

거꾸로, 줄어드는 되먹임 현상의 예도 많다. 가장 대표적인 예가 집 안에서도 많이 이용하는 실내 온도 조절 장치다. 겨울철 실내 난방 장치는 온도를 올린다. 20도로 맞춰놓은 온도 조절 장치가 있는데 난방으로 실내 온도가 21도가 되면, 난방 장치의 작동이 멈춰서 20도를 향해 온도가 내려간다. 거꾸로 이제 19도가 되면, 난방 장치의 작동이 시작되어서 20도로 다시 온도가 오른다. 늘어나면 줄여주고, 줄어들면 늘려주는 것이 바로 이런 조절 장치다. 줄어드는 되먹임의 예다.

주식시장은 평상시에는 줄어드는 되먹임을 보여준다고 할 수 있다. 주가가 오르면, 과거에 매수한 주식의 주가 상승으로 발생한 수익을 현금화하려는 매도자가 생긴다. 주가가 오르면 팔려는 사람이 사려는 사람보다 많아져서 주가는 내려가는 경향이 있다. 한편, 주가가 내려가면 매수의 기회를 노리던 사람들이 주식을 사기 시작한다. 팔려는 사람보다 사려는 사람이 많아지면 자연스럽게 주가는 또다시 오른다. 평화로운 시기에는 한 회사의 주가는 이처럼 오르면 내려가는 방향으로, 내려가면 올라가는 방향으로, 평형 가격을 중심으로 주변에 머문다. 평화로운 주식시장은 줄어드는 되먹임을 보여준다.

주식시장에 공포가 닥치면 이제 줄어드는 되먹임은 늘어나는 되먹임으로 변한다. 왜 그럴지 쉽게 생각할 수 있다.

지금 당장 주가가 하락하고 있는데, 만약 많은 사람들이 내일은 주가가 더 하락할 것으로 확신하면, 내일까지 기다리느니 오늘 당장 주식을 파는 것이 그나마 손실을 줄이는 방법이 된다. 이처럼 주가의 추가 하락에 대한 공포가 시장에 퍼지면, 주가가 내려가면 오히려 더 많은 사람이 주식을 팔려 하고, 이로 인해 주가의 하락은 더 커진다. 주식시장의 폭등도 비슷한 메커니즘을 따른다. 오늘 이 시각 1만 원으로 주가가 오른 주식이 내일은 1만 2000원으로 더 오를 것으로 많은 이들이 예상하면, 내일보다 오늘 사는 것이 당연히 더 유리하다. 이런 경우 주가의 상승은 더 많은 매수자의 유입을 만들고 이로 인해 주가는 더 오른다.

지수함수를 따라 기하급수적으로 빠르게 늘긴 해도 병에 감염된 사람의 수가 유한한 시간 안에 무한대가 될 수는 없다. 이와는 다른, 늘어나는 되먹임 현상의 극단적인 예가 있다. 오늘 하루 늘어나는 양이 어제의 양에 비례하는 것이 아니라, 예를 들어 제곱에 비례하는 경우다. 인공지능의 발달로 인한 특이점의 도래를 사람들이 이런 방식으로 설명하기도 한다. N개의 신기술이 서로의 조합으로 만들어내는 새로운 기술의 숫자가 N에 비례하는 것이 아니라 N의 제곱에 비례한다고 가정해보자. 미분을 이용해 이 상황을 적으면 $dN/dt = N^2$이 된다. 조금만 계산해보면, 이렇게 늘어나는 N은 유한한 시간에 수학의 무한대가 된다는 것을 쉽게 보일 수 있다. 바로 특이점^{singularity}의 도래다. 늘어나는 데 아무런 현실적 제한이 없다면 N^a에 비례하는 증가율을 갖는 양은 a가 1보다 크기만 하면 유한한 시간 안에 무한대가 된다.

최근 인공지능이 급격히 발달하고 있다. 인공지능 기술의 빠른 발달이 서로 연결되면, 늘어나는 되먹임이 시작되고, 가까운 미래에 특이점이 우리 곁에 올 수도 있다. 특이점에 점점 가까워지면서 변화와 발달의 속도는 무한대로 발산한다. 오늘 밤 오랫동안 우리가 익숙했던 세상에서 잠자리에 들어도, 내일 아침 눈을 떠 마주할 세상은 완전히 다른 세상일 수 있다. 늘어나는 되먹임이 유한한 시간 안에 무한대의 변화를 만들어낼 수 있다.

전분육등법으로
그려본 먼 미래

조선 세종대의 조세제도인 전분육등법에서는 토지의 면적을 재는 잣대로 산출량을 이용했다. 이렇게 정의한 토지 1결의 실제 면적은 농업생산성이 좋아질수록 점점 줄어들 수밖에 없다. 국제연합 식량농업기구에 의하면 1998년 이후 전 세계 농업용 토지 면적은 줄고 있다고 한다. 전체 농업 생산량이 줄어든 것이 아니다. 같은 양을 생산하기 위해 필요한 토지 면적이 줄어들고 있기 때문이다. 나라마다 사정은 다르지만, 전 세계적인 규모로 보면 굳이 개간이나 간척으로 농지를 늘려 수확량을 늘릴 필요는 이미 없어졌다는 뜻이다. 농업혁명 후 처음, 인류 역사에서 방금 막 벌어진 놀라운 일이다.

물리학자는 사고실험을 좋아한다. 머릿속에서 생각만으로 상상의 실험을 해보는 거다. 오늘 해볼 사고실험은 "인류의 폭발적인(물리학자는 '폭발적'을 '기하급수적'의 뜻으로 쓴다) 생산성 증가가 앞으로도 계속된다면 세상은 어떤 모습으로 변할까"이다. 더불어 이용할 가정은 "인구는 생산성의 증가보다 훨씬 느리게 증가한다"이다. 전혀 이상한 가정이 아니다. 한스 로슬링의 책 《팩트풀니스》에 따르면 이미 전 세계의 아동인구는 거의 늘지 않고 있어서 21세기 말이면 전세계 인구는 100억~120억 정도에서 증가를 멈출 것으로 보인다. 미래의 인류는 인구가 줄어 걱정이지 늘어 걱정일 것 같지는 않다. 농업용지의 감소는 이미 시작된 일이니 당연히 앞으로도 계속될 것이다. 마찬가지다. 생산성의 향상으로 전 세계인이 사용할 생산품 전체를 만들기 위한 인류 전체의 노동시간의 총합을 상상해보면, 그 시간도 끊임없이 계속(인공지능이 도래할 미래에는 더욱 급격히) 줄어들 수밖에 없다.

물리학자인 난 현재의 경향을 미래로 '바깥 늘려 extrapolate' 이런 세상을 상상한다. 함께 살아가는 지구 위 모든 사람을 먹이기 위해 필요한 농업용지의 면적이 0으로 수렴하는 세상, 모든 사람이 다같이 먹고 함께 쓸 전체 생산물을 만들기 위한 노동시간이 마찬가지로 0으로 수렴하는 세상 말이다. 사람이 살아가기에 꼭 필요한 땅을 뺀 모든 곳은 다시 숲이 된 세상, 그리고 필요한 만큼의 생산물을 만들어내기 위해 모든 사람이 하루에 딱 1시간만 일하고, 대부분 시간은 책을 읽고 영화를 보며 가족과 함께 숲을 거닐며 보내는 그런 미래를 말이다. 이미 유럽 몇 나라에서 시작된 노동시간의 감축과 기본소득보장제도는 한동안은 뒤로 미룰 수 있어도, 어차피 우리에게 언젠가는 다가올 당연한 미래다. "기하급수적으로 늘어나는 생산성과 그처럼 빠르게 늘지 않는 인구증가"를 가정한 사고실험의 피할 수 없는 논리적 귀결이다.

경제성장률로 재는 미래는 지속가능하지 않다. 계산해보라. 현재 기준으로는 엄청난 저성장이지만 연 1퍼센트 성장이 463년 동안 지속되면 총생산량은 지금의 100배가 된다. 463년 만에 사람이 100배가 더 많아질 리도, 한 사람이 지금보다 100배 더 많이 먹을 수도 없다. 100년이 될지 1000년이 될지는 모르지만 결국 언젠가 다가올 미래에 경제성장률은 0으로 수렴할 수밖에 없다. 과학기술의 한계 때문이 아니다. 쓰지도 못할 것을 100배, 1000배 많이 만들 필요가 없기 때문이다. 작년과 올해의 생산량을 비교해 그 숫자의 차이가 클수록 작년보다 올해가 더 나은 세상이라고 우기는 그런 세상은 지속가능하지 않다. 지금 함께 해본 사고실험의 결론이다. 양적 성장은 결국 멈추고 사람들의 노동시간은 0을 향해 줄어든다. 그때까지 시간은 오래 걸리겠지만 다른 미래는 없다.

6부

과학과
사회
생각하기

물리학과 세상물정

세상에는 다양한 학문 분야가 있다. 자연과학도 예외가 아니다. 물리학, 화학, 생물학 등 개별 분야가 있고, 각 분야의 과학자는 각기 독특한 시각으로 자연과 세상을 본다. 과학자는 분야로 나뉘지만 이들 과학자가 바라보는 자연에는 경계가 없다. 현미경으로 들여다봤더니 작은 것들의 세상에서 '생물학자 출입금지' 팻말을 발견했다는 소식은 들어본 적 없고, 눈을 들어 올려본 하얀 구름에도 '기상학자 외 출입금지' 표시는 보이지 않는다. 학문의 경계는 자연의 실제 모습이 아니다. 과학의 발전 과정에서 등장한 인간의 허상일 뿐이다.

궁금한 무언가가 있을 때, 과학자는 자신이 갖추어 가지고 있는 생각과 연구의 도구를 꺼낸다. 망치를 들면 모든 것이 못으로 보인다는 영어 속담처럼, 물리학자는 물리학의 도구를, 화학자는 화학의 도구를 꺼내, 이를 가지고, 그리고 이에 맞추어 자연을 이해하려 한다. 가진 게 망치밖에 없는 사람에게 톱을 꺼내 쓰라고 강요하기는 어렵다. 그보다는 당신이 바라보는 대상이 못이 아닐 수 있다고, 톱을 든 옆 친구가 알려주는 것이 더 낫다. 더 좋은 방법도 있다. 망치를 든 사람, 톱을 든 사람, 다양한 제각각의 도구를 든 사람들이 둘러앉아 어떻게 여러 도구를 함께 이용해 '대상의 이해'라는 공통의 목표에 도달할 수 있을지 마음을 열고 토론하는 방법이다. 자신이 가진 도구가 남들이 가진 도구보다 더 낫다는 것은 '다름'을 '틀림'으로 오해하는 것일 뿐이다. 내 망치가 소중하다면 다른 이의 손에 들린 톱도 마찬가지로 존중하려는 노력도 필요하다.

나는 물리학자다. 자연현상뿐 아니라 사람들 사이에서 일어나는 현상의 일부에도 물리학의 시각을 적용할 수 있으리라고 생각하는 물리학자다. 물리학으로 모든 사회현상을 설명할 수 있다고 주장하는 것이 아니다. 물리학의 정량적이고 체계적인 접근 방식을 적용해 대강 이해하는 게 가능한 사회현상이 일부 있을 것으로 생각할 뿐이다. 모든 사회현상을 물리학으로 설명할 수 있으리라는 생각은 단 한 번도 해본 적 없다. 복잡다단한 사회현상의 작은 일부를 이해하는 데 물리학의 접근방식이 약간의 도움을 줄 수 있기를 바랄 뿐이다.

나는 물리학 안에서 통계물리학이 전공이다. 입자든 사람이든, 많은 구성요소가 서로 영향을 주고받고 있을 때, 전체가 보여주는 통계적인 패턴의 이해가 주된 관심사다. 큰 지진이 일어난 다음 작은 규모의 여진이 보여주는 통계적 패턴을 급격한 주식시장 폭락 이후의 주가 변동과 비교하고, 우리 사회를 뒤흔든 엄청난 뉴스 이후 쏟아지는 후속 기사의 분포와도 비교할 수 있다. 지진, 주식, 뉴스처럼 다양한 현상을 통계물리학의 연구방법을 적용해 큰 틀에서 일관된 방식으로 이해하고자 하는 것이 바로 내가 가진 '망치'에 해당한다. 서로 상이한 현상을 통계물리학의 통합적인 시각으로 이해하는 것이 도움이 될 여지도 많다. 지진 예측이 어려운 이유를 주가 예측이 어려운 이유로 미루어 짐작할 수도 있고, 사람들 사이에서 거짓 뉴스가 전파되는 패턴을 전염병이나 옷차림의 유행이 퍼져나가는 패턴과 비교해 이해할 수도 있다. 특수상대론 논문을 발표한 1905년, 아인슈타인은 이리저리 마구잡이로 움직이는 브라운 운동에 대한 논문도 발표했다. 브라운 운동을 하는 물리적인 입자의 운동방정식은 주식시장의 주가의 움직임에 성공적으로 적용되기도 했다. 다양성에서 유사성을 찾아 통합적인 시각으로 이해하고자 하는 시도는 개별 현상의 이해에도 큰 도움을 줄 수 있다.

우리나라에서 융합적 성격의 연구들이 다른 과학 선진국에 비해 잘 진행되고 있지 못하다는 생각을 하는 사람이 나혼자만은 아니리라. 정부에서, 여러 학문 분야의 사람들을 모아 대학에 융합학과를 만드는 것을 지원해서 융합연구를 장려하기도 했다. 이렇게 융합적인 성격을 가지는 학과를 만들었다고 해서 자동적으로 융합연구가 시작되기를 바라는 것은 순진한 발상이다. 망치를 든 사람들은 망치를 든 사람들하고만 모여서 얘기하는 것을 더 편하게 생각하기 때문이다. 무작정 모아놓으면 오래지 않아 사람들은 그 안에서 또 끼리끼리 모이려 한다. 모아놓았다고 융합연구가 되는 것이 아니다. 이보다는, 이해하고자 하는 중요한 현상을 먼저 제시하고 이 주제에 관심이 있는 여러 분야의 사람이 자발적으로 모여 서로 소통하는 방식이 성공적인 융합연구를 위해 더 나은 방법일 수 있다.

현대를 살아가는 우리가 맞닥뜨리는 많은 문제들은 다양한 요소들이 얽히고설켜 있다. 특정 분야의 연구자가 주어진 복잡한 문제를 통합적으로 이해하는 것은 갈수록 점점 더 어려워질 것임이 분명하다. 더 넓고 더 깊이 이해하려면 다른 여럿이 모여 두루 소통할 일이다. 내가 잘 아는 분야에 관심을 보이는 다른 분야의 과학자가 있다면, 경계할 일이 아니라 감사할 일이다. 여러 학문 분야의 연구자들이 함께 모여 자유롭게 소통하는 과학 연구의 열린 문화가 우리 사회에 절실하다.

과학이라는 신화

중세 유럽에서 신학은 학문의 왕이었다. 사람들은 완벽하게 옳은 절대적 진리를 제공하는 유일한 분야가 종교라고 믿었다. 일반 신자뿐이 아니었다. 종교의 사제는 오로지 '신'만이 절대적 진리라고 가르쳤다. '신의 뜻'으로 모든 것을 설명할 수 있었다. 기쁜 일이든 끔찍한 재앙이든, 막상 일이 벌어지고 나서야 '신의 뜻'을 알 수 있을 뿐이어서, 내일 무슨 일이 닥칠지 오늘 이야기할 수는 없었다. 하지만 이것도 당연한 것이었다. '신의 뜻'은 우리 인간이 감히 짐작도 할 수 없는, 인간의 이해 밖의 것이었으니까. '신의 뜻'은 이해할 수 없어 오히려 확실한 진리였다.

    지구 위 대부분의 나라에서 이제 학문의 왕은 과학이 되었다. 저 먼 화성에 우주선을 정확히 착륙시키고, 아무리 멀리 있어도 손바닥만 한 장치로 서로의 목소리를 들을 수 있는 시대다. 그래도 명색이 물리학자인 나도 손에 든 스마트폰이 어떻게 작동하는지 자세한 내용을 알지 못한다. 현대를 살아가는 대부분의 사람들에게 과학은 이해의 수준을 한참 벗어나 있다. 과학은 현대의 신화가 되었다. 이해할 수 없으니 의심할 수 없고, 어쩌면 그래서 더 확실한 신화.

중세의 신학과 현대의 과학은 각각 당시의 학문 생태계에서 가장 높은 지위에 올랐다는 공통점도 있지만 둘의 차이는 정말 크다. 종교의 사제가 믿으라 할 때, 과학의 사제라 할 수도 있을 법한 과학자는 의심을 말한다. 신이라는 절대자가 모든 것을 알고 있다고 종교가 말할 때, 모르는 것이 아는 것보다 훨씬 더 많고, 지금 알고 있다 믿는 것도 어쩌면 진리가 아닐 수 있다고 과학은 속삭인다. 유발 하라리가 《사피엔스》에서 말한 과학혁명의 원동력인 '무지의 발견'도 바로 이 얘기다. 현대는 이처럼 무지無知의 과학과 전지全知의 신이 공존하는 시대다. 과학의 가치는 확실성에 있지 않다. 거꾸로다. 의심에 열려 있어 토론이 가능하고, 이에 바탕한 발전 가능성이 늘 남아 있다는 것이 과학의 진정한 가치다. 문제는 현대 과학이 이야기하는 의심과 회의懷疑가 대개는 과학자 사회 내부에 한정된다는 점이다. 과학의 내부가 회의와 의심을 말할 때, 과학 외부 대부분의 사람은 과학을 현대적 확실성의 전형으로 본다. 과학자가 과학은 의심하는 것이라 말할 때, 과학자가 아닌 사람들은 과학을 의심할 수 없는 것으로 파악한다. 과학의 확실성을 둘러싼 양쪽의 괴리가 나는 걱정이다.

과학의 모든 것이 확실하지 않다고 이야기하는 것이 결코 아니다. 전체로서의 과학은 확실성의 정도가 제각각인 여러 이론과 주장들의 모임이다. 에너지 보존 법칙이나 운동량 보존 법칙의 확실성은 어마어마하게 높다. 물리학자라면 어느 누구도 그 확실성을 전혀 의심하지 않는다. 어떤 물체도 빛보다 빨리 움직일 수 없다는 주장의 확실성도 거의 마찬가지다. 2011년 중성미자라는 입자의 속도가 빛보다 빠르다는 실험 결과가 발표된 적이 있다. 대부분의 물리학자는 그럴 리 없다고 생각했지만, 만약 정말이라면 물리학을 어떻게 다시 구축해야 하나 고민하는 물리학자도 있었다. 결국은 엄밀한 재실험을 통해서 중성미자의 속도가 빛보다 빠르다는 주장이 번복되어 많은 이가 가슴을 쓸어내렸다. 과학의 내부에서는 100년의 검증을 거친 "어떤 것도 빛보다 빠를 수 없다"는 이론도 이처럼 진지한 의심과 회의, 그리고 검증의 대상이 될 수 있다.

과학이라는 지적 활동이 진행되는 생생한 현장의 모습은 확실성과는 거리가 멀다. 예를 들어 이런 식이다. 많은 과학자가 관심을 가질 만한 실험결과가 학술지에 출판된다. 여러 실험물리학자가 후속 실험을 이어간다. 그중에는 첫 논문의 결과와 정반대의 결론을 보여주는 논문도 있다. 많은 논문이 실험 결과의 타당성을 다투고, 실험을 더 넓은 맥락으로 확장하는 등으로 논의를 이어가는 중간 단계에서, 또 어디선가는 한 연구 그룹이 실험결과를 설명하는 이론 논문을 출판한다. 그런데 곧이어 출판된 다른 논문은 전혀 다른 이론으로 같은 실험결과를 설명하기도 한다. 이처럼 혼란스러운 논의의 과정이 이어지다가 과학계 내에서 일종의 암묵적 합의가 서서히 형성된다. 이 과정을 유심히 지켜본 과학자가 아니라면, 도대체 합의한 내용이 무엇인지 파악하기조차 쉽지 않을 때도 있다. 자, 이런 일을 겪다 보면, 개개의 과학자가 어떤 생각을 하게 될지는 분명하다. 방금 출판된 엄청나게 신기하고 흥미로운 결과가 담긴 논문을 읽고 그 내용을 100퍼센트 곧이곧대로 받아들이는 과학자는 단연코 없다. "흠, 아주 재밌군. 어쩌면 사실일 수도 있겠어", 개연성의 수준에서 받아들인다.

과학자가 과학은 확실한 것이 아니라고 말할 때, 물리학의 에너지 보존 법칙이나 생물학의 진화론을 의심하는 것은 아니다. 과학에는 확실하지 않은 부분이 여전히 아주 많다는 이야기일 뿐이다. 과학자가 확실한 과학도 있다고 말할 때, 어제 발표된 한 과학자의 새로운 실험 논문의 결과의 확실성을 말하는 것은 아니다. 확실한 과학과 확실하지 않은 과학의 경계는 확실치 않다. 늘 이동하고 있어 어느 누구도 경계를 확정할 수 없다. 그래도 확실하게 이야기할 수 있는 것이 있다. 바로, 과학은 확실한 부분도 물론 있지만 전체로서는 확실하지 않다는 점이다. 과학은 신화가 아니다.

시간 상피제

조선시대에 지방관을 임명할 때 상피제相避制라는 것이 있었다. 팔도 관찰사나 고을의 수령을 임명할 때 출신 지역 인사를 배제한다는 내용이었다. 행정, 사법의 권한뿐 아니라 심지어 군대의 지휘권까지 가질 수 있었던 조선시대 지방관이 만약 자신의 출신 지역에서 일하게 되면 혈연, 학연, 지연 등의 영향으로 공정하게 일하기 어려웠기 때문이리라. 오촌 조카, 어려서 옆집 살던 친구, 그리고 서당 동기가 서로 다투며 판결을 내려달라고 하는 상황은 고을 수령에게도 감당하기 힘들었을 수도 있겠다.

각 개표구의 과거 대통령 선거 투표 결과를 중앙선거관리위원회의 홈페이지에서 내려받아 거리가 멀어질수록 두 지역의 투표 성향이 어떻게 변하는지 살펴본 적이 있다. 옆 동네에서 많은 사람들이 지지한 후보는 내가 사는 동네와 거의 비슷하지만, 내가 사는 곳에서 10킬로미터, 20킬로미터, 100킬로미터로 점점 멀어지면 그곳의 득표율은 우리 동네와 달라진다. 바로 이처럼 두 지역의 득표율 사이의 상관관계가 거리에 따라 어떻게 줄어드는지를 정량적으로 재본 거다. 정확한 숫자는 아니지만, 우리나라에서 남북이나 동서방향으로 약 80~100킬로미터 정도 멀어지면 두 지역의 득표율의 상관관계가 확연히 줄어드는 것을 알았다. 이를 물리학에서는 '상관거리correlation length'라는 말로 표현한다. 즉, 우리나라 대통령 후보 득표율의 상관거리는 약 100킬로미터다. 마찬가지로 사람들의 다양한 이해관계도 비슷한 정도의 상관거리를 가진다면, 이를 이용해 조선시대의 상피제를 더 정교하게 가다듬었을 수도 있으리라. 지방관의 부임지를 정할 때 출신 지역으로부터 최소한 100킬로미터 이상 먼 곳을 택하는 식으로.

물리학은 변화, 혹은 운동에 대한 것이다. 물리학에서 운동을 기술할 때는 시간과 공간을 보통 함께 이용한다. 조선시대의 상피제는 공간적인 의미다. 나는 현재 우리나라에서 필요한 것은 공간이 아닌 시간의 상피제가 아닐까 생각해본다. 가까운 미래에 대한 결정은 현재 자신이 속한 집단의 이해관계에 의해 너무나 쉽게 영향을 받기 때문이다. 시간상으로 떨어진 두 시점 사이에도 공간에서 했던 것과 마찬가지로 상관관계를 측정할 수 있다. 시간이 흘러 두 시점 사이의 관련 정도가 줄어드는 시간인 '상관시간correlation time'이 얼마나 될지도 생각해볼 수 있다. 국회의원이라면 상관시간이 임기 4년보다는 더 길 것임에 분명하다. 다선 국회의원도 많으니까. 사실, 계산을 안 해봐도 대부분의 세상사에서 상관시간이 얼마나 될지는 예상할 수 있다. 바로 한 세대인 30년 정도, 길어야 그 두 배 정도일 것이다.

나는 우리 사회의 미래에 큰 영향을 줄 중요한 결정은 시간 상피제를 도입해 미리미리 서둘러 토론을 시작하길 바란다. 이럴 때 사람들은 자신의 현재 이해관계로부터 벗어나 좀 더 객관적이고 공정한 눈으로 미래를 바라볼 수 있지 않을까. 선거가 바로 몇 달 뒤 코앞이라면 선거구 조정이 현재 국회의원들의 소속 정당의 이해관계에서 벗어나 과연 객관적이고 합리적으로 이루어질 수 있겠는가. 하지만 30년, 60년 뒤의 선거구 획정의 기본 틀을 지금 미리 정한다면 훨씬 낫지 않을까. 교육제도의 변화도 마찬가지가 아닐까. 3년 뒤가 아닌 100년 뒤의 교육은 어떠해야 할지를 지금 함께 고민한다면, 토론도, 그리고 합의도 쉽지 않을까. 교육은 백년지계라는 말이 있으니 정말로 100년 뒤를 지금 고민해야 하지 않을까. 너무 먼 미래라면, 구체적인 것을 지금 결정할 필요는 없다. 하지만 변화의 큰 방향만이라도 미리 의논해 합의하고 점점 그 목표를 이루기 위한 단계를 조금씩 조율해간다면 가능할 수도 있지 않을까.

시간 상피제를 도입해 사람들이 바로 지금 여기서, 먼 미래에 대한 토론을 시작하려면 전제조건이 있다. 토론을 함께할 모든 이가 미래에 대한 꿈을 꾸는 거다. 여럿의 다양한 꿈을 모아 우리 모두가 바라는 먼 미래 세상의 모습을 함께 상상할 수 있기를 바란다. 그 세상을 실현하기 위한 정책을 언제 시행할지도 지금 미리 정할 수 있으면 더 좋겠다.

세 번째 기준틀

버스 터미널에서 겪는 일이다. 버스가 출발할 때 창밖으로 옆 버스를 보고 있으면, 내 버스와 옆 버스 중 어떤 것이 움직이고 있는지 잠시 헷갈릴 때가 있다. 내가 정지해 있다고 생각하고 보면(물리학에서는 이를 "내가 정지한 '기준틀'에서 보면"이라 한다) 옆 버스가, 옆 버스의 승객이 자신이 정지해 있다고 생각하고 내가 탄 버스를 보면 내가 탄 버스가 움직인다. 즉, 관찰자의 기준틀이 달라지면 물체가 움직이는 것이 달라 보인다.

사람이 발 딛고 살아가는 지구는 자전하지도 공전하지도 않으며 우주의 정확한 중심에 정지해 있고 모든 천체는 지구를 중심으로 회전한다는 그릇된 믿음이 천동설이다. 바로 위의 시외버스 이야기와 많이 닮았다. 지구에서 말고 태양에서 행성을 보면 어떻게 보일까. 아예 멀리 떨어진 우주 공간에서 태양계 전체를 보면 어떻게 보일까. 이처럼 지구를 벗어나 기준틀을 바꿔 보면 태양과 행성의 움직임을 더 쉽고 단순하게 설명할 수 있다는 깨달음이 지동설의 완성으로 이어진 것이다. 천동설과 지동설의 예처럼, 과거 판단의 근거로 생각했던 기준틀이 절대적인 것이 아니라 상대적인 것임을 깨달아 간 것이 바로 과학 발전의 역사라고 난 생각한다. 진화의 발견도 마찬가지다. 사람의 생물학적 위치가 다른 생명체와 연속선상에 놓여 사실 별로 다를 것도 없다는 것, 생명현상을 바라보는 기준틀로 사람을 중심에 놓을 아무런 근거가 없다는 것이 진화론의 발견이 우리에게 준 큰 깨달음이다.

과학의 역사에서 기준틀의 상대성에 대한 깨달음은 오랜 시간 힘겹게 이루어져왔다. 우리 일상의 삶에서도 마찬가지다. 자신의 기준틀이 다른 이의 기준틀보다 나을 것 하나 없다는 깨달음은 의식적인 노력 없이 얻기 어렵다. 대부분 우리는 자기가 불변이고 주변이 변한다고 생각하기 때문이다. "요즘 젊은 애들은 버릇이 없어"는 꾸지람의 대상인 '젊은 애들'이 나이가 들어 늙으면 화자만 바뀐 채 여전히 시대를 이어 되풀이된다. 사랑하던 사람과 이별할 때도, 내 마음은 변하지 않았는데 상대가 변심한 것이 이유라고 믿으려 한다. 우리 대부분은 '서로 다름'을 '나는 옳고, 상대는 그름'과 같은 것이라고 해석한다. 서로 자기가 옳다고 주장하는 사람들은 쉽게 그 생각을 바꾸지 못한다. 사람은 누구나 자기 입장에서, 자신의 기준틀로 세상을 보는 데 익숙하기 때문이다.

어떤 버스가 움직이고 있는지 헷갈릴 때 답을 알아내는 좋은 방법이 있다. 옆 버스의 뒷배경인 파란 하늘 하얀 구름을 함께 보는 거다. 즉, 내 버스도 옆 버스도 아닌, 세 번째의 기준틀을 이용하는 거다. 우리 사회에서 중요한 결정을 내려야 하는데, 사람들마다 생각이 다를 때가 많다. 논의에 참여한 사람들은 자기는 상수고 상대가 변수라고 생각한다. 하나같이 자기의 기준틀에서 문제를 본다면 해결책은 영영 찾을 수 없다. 우리 사회의 논의에서 누가 옳고 누가 그른지 헷갈릴 때는, 버스 탄 사람이 하듯 세 번째의 기준틀로 눈을 돌리면 좋겠다.

국회에서 어떤 사안이 논의되는 과정을 보면, 대부분의 사안에 대해서 의원 개인은 보이지 않고 소속 정당만 보일 때가 많다. 여당과 야당의 주장이 평행선을 그리며 아무런 수렴의 기미도 보이지 않을 때도 많다. 합리적인 논의과정을 통해 합의를 이루는 것이 영 불가능해 보일 때다. 각 정치 집단이 자신의 기준틀에서만 문제를 보려 하기 때문이 아닐까. 소속 정당의 기준틀을 벗어나는 것은 곧 상대 정당의 기준틀에 편입되는 것으로 여겨져 배신자로 낙인찍히기도 한다. 이럴 때는 시선을 돌려 세 번째 기준틀에서 문제를 보면 좋겠다. 세 번째 기준틀의 이름은 '국민'이다. 논의의 처음부터 아예 '국민'을 기준틀로 한다면 합의도 쉽지 않을까. 난 '국민'이 유일한 기준틀이면 좋겠다.

99퍼센트와 1퍼센트

"우리 마을에 오신 것을 환영합니다. 우리 마을 여성들은 모두 강인하고, 남성들은 하나같이 다 잘생겼고, 그리고 아이들은 모두 다 평균 이상입니다." 미국의 라디오 드라마 〈워비곤 호수〉에 등장했던 말이다. 이 상상의 마을에 대한 위의 설명에서 재밌는 것이 바로 "아이들 모두가 평균 이상"이라는 부분이다.

키가 170센티미터와 180센티미터인 두 학생이 있다고 하자. 둘의 키 평균은 175센티미터다. 당연히 한 학생은 평균보다 키가 작고 다른 학생은 크다. 만약 둘 모두 평균보다 키가 크다면, 키가 176센티미터와 180센티미터라는 얘길까. 이것도 아니다. 왜냐하면 이제 두 학생 키의 평균은 178센티미터가 되어 여전히 176센티미터인 학생은 평균보다 작기 때문이다. 내일 아침 해가 서쪽에서 뜰 수는 있을지 몰라도, 아무리 상상의 마을이라도 아이들 모두가 평균 이상일 수는 절대로 없다. 서쪽에서 뜨는 해는 수학뿐 아니라 물리학의 법칙에도 위배되지 않지만 모두가 평균 이상인 마을은 네모난 삼각형처럼 논리적 모순이기 때문이다. 평균보다 키가 큰 학생이 있으려면 누군가는 평균보다 키가 작아야 한다. 굳이 기준이 평균일 필요도 없다. 키가 상위 1퍼센트인 학생이 있으려면 그 아래로 키가 하위 99퍼센트에 속하는 대부분의 학생들이 있어야 한다. 상위 1퍼센트의 존재 기반은 하위 99퍼센트다. 너무도 자명한 수학적 진리다.

우리나라에서 상위 1퍼센트인 사람은 50만 명이다. 이들을 모아 그중 1퍼센트를 또 고르면 5000명이다. 우리나라에서 1퍼센트에 든 사람의 대부분은, 이제 이 5000명에서는 하위 99퍼센트다. 이렇게 1퍼센트를 고르는 과정을 몇 번만 반복하면 결국 우리나라에서 딱 1명을 고를 수 있다. 그런데 그 사람도 전 세계의 여러 나라에서 국가대표를 하나씩 모으면 또 1퍼센트가 아닌 99퍼센트다.

누구나 어른이 되면서 겸손을 배운다. 속마음과는 달리 남이 보기에만 겸손하게 행동한다는 뜻이 아니다. 어려서는 주변을 둘러보아 자기가 좀 나은 편이라고 생각하지만 나이와 함께 조금 더 넓어진 세상에서는 자신보다 나은 사람을 얼마든지 볼 수 있다는 것을 누구나 반복해서 배운다. 나이와 함께 확장되는 것은 세계의 공간적인 규모만도 아니다. 다른 이를 보는 시선의 다양함도 함께 늘어난다. 누구는 물리학에 대한 이해가 깊어 본받고 싶고, 또 누구는 자신의 생각을 전달하는 능력이 탁월해 부럽다. 누구는 체력이 좋아 마라톤 풀코스를 뛰니 부럽고, 악기를 연주하는 사람이나 그림을 잘 그리는 사람을 보면 또 부럽다. 돈에 대한 걱정이 전혀 없는 사람을 봐도 당연히 부럽다. 그러다 보면 깨닫게 되는 것이 있다. 이 모든 것을 갖춘 사람은 단 한 명도 없다는 것을 말이다. 모든 면에서 1퍼센트인 사람은 아무도 없다. 우리 모두는, 지구 전체에서 단 한 사람의 예외도 없이 모두 다 99퍼센트다.

사실 '워비곤 호수 효과'는 수학이 아니라 심리학이다. 평균 아래인 사람이 절반 정도는 될 텐데도 절반보다 훨씬 많은 사람이 자기가 평균보다 낫다고 생각하는 것을 일컫는다. 절대 다수의 회사원이 자신이 평균 직장인보다 더 성실히 일하고 있다고, 그리고 평균보다 더 회사에 도움이 된다고 생각한다. 교수들은 자기가 평균보다 더 잘 가르친다고, 평균보다 연구를 더 잘한다고 생각한다. 사람들이 자신의 능력이 평균보다 더 낫다는 믿음을 가지게 된 이유는 아마 진화심리학의 영역이 될 것이다. 하지만 진화를 통해 사람은 다른 것도 배웠다. 다른 이들과 함께 어울려 사는 법을 말이다. 도대체 무슨 기준인지 궁금하긴 하지만, 몇 가지 기준에서 자기가 1퍼센트에 속한다고 정말로 믿을 자유는 누구에게나 있다. 하지만 이 자유가 99퍼센트를 업신여겨도 되는 자유를 의미하지는 않는다. 게다가 좀 더 넓은 세계에서 다른 기준에서 보면 당연히 그도 결코 헤어날 수 없는 99퍼센트임에야.

과학과 기술

과학과 기술을 '과학기술'로 붙여 부르고는 한다. 이 단어가 불편하다. 하나로 함께 부르는 순간, 과학의 위치가 기술에 종속된다고 믿기 때문이다. 나는 과학과 기술(혹은 공학)이 무척 다르다고 믿는다. 과학이 알기 위한 것이라면, 공학과 기술은 쓰기 위한 것이다. 쓰려면 알아야 하는 것은 맞지만, '앎'은 그 자체가 목적이다. '씀'의 수단이 아니다. '과학기술'로 붙여 쓰면 앎은 씀과 한 몸이 되어, 앎을 오로지 쓰기 위한 것으로 보이게 하는 착시를 만든다.

중세 우리말을 연구하는 인문학자에게 그 주제가 4차 산업혁명과 경제 발전에 어떻게 도움이 되는지 묻는 것은 모욕적인 질문이다. 우주의 비밀을 탐구하는 물리학자에게도 같은 질문은 무척 당혹스럽다. 나는 과학은 공학보다 오히려 인문학에 더 가깝다고 믿는다. 둘 모두 자연, 그리고 사회와 역사 안에서의 인간의 존재를 이해하는 데 기여한다. 이런 이해가 전자제품의 설계에 도움이 될 수 있고, 그리고 도움이 되기를 바라지만, 특정 전자제품을 만들기 '위해' 이해하려는 것은 아니다.

구한말 서양 과학은 자체의 가치가 아닌, 과학이 만든 결과의 형태로 먼저 수입되었다. 문화로서의 과학이 아니라 구체적인 기술의 형태로 말이다. 과학은 '~을 위한'의 수식어가 동반된 어떤 것으로 여겨졌다. 공업발전을 위해, 민족개조를 위해, 같은 식으로 말이다. 과학과 기술이 한 몸이 된 결정적 계기는 1960~1970년대 국가주도 경제발전기였다. 이상욱의 《과학은 이것을 상상력이라고 한다》에 어셈블리 라인 모형이 소개되어 있다. 과학은 기술을 발전시키고, 기술은 국가의 경제발전에 기여한다는 1차원적 모형이다. 개발독재 시기 경제발전에 힘입어, 과학과 기술은 과학기술의 한 몸으로 사람들의 머릿속에 각인되었다. 헌법 127조에도 "국가는 과학기술의 혁신[…]을 통하여 국민 경제의 발전에 노력해야 한다"고 명시되어 있다. 헌법에서도 과학은 여전히 '~을 위한' 수단이다.

오로지 '앎'을 추구한다 해서 과학이 가치중립적인 것은 아니다. 물론 물리학자가 매일 진행하는 연구는 가치가 개입될 수 없는 부분이 분명히 많다. 오늘은 어떤 함수를 적분하고, 내일은 그 결과를 이용해 어떤 수치를 계산하는 것 같은 일을 매일 되풀이한다. 좀 어렵긴 하지만 계산의 본성은 구구단 표를 이용해 3과 7을 곱하는 것과 다를 바 없다. 누가 해도 결과가 같은 가치중립적인 과정이다. 여기서 오해가 생긴다. 매 단계가 가치중립적이므로 연구 전체가 가치중립적이라고 믿는 오해다. 내 생각은 다르다. 같은 "삼칠은 이십일"이라도 수력발전소의 발전량 계산일 수도, 원자폭탄의 낙하 궤적에 대한 계산일 수도 있다. 계산 과정은 가치중립적이라도 그 계산의 맥락은 가치판단을 담고 있을 때가 많다. 쓰기 위해 아는 것은 아니지만, 앎의 쓰임에 눈감는 것은 무책임한 일이다.

과학은 과정이다

과학은 결과가 아닌 과정이다. 저 멀리 아스라이 윤곽만 보이는 진리에 조금이라도 가까이 다가가기 위한 긴 항해다. 즐겁게 항해하다 꿈꾸던 장소에 발을 디딘 과학자는 도착하자마자 불행해진다. 지금 막 도착한 장소는 곧 한없이 따분해 보이고, 저 멀리 어렴풋이 새로 보이는 목표는 더할 나위 없이 아름다워 보인다. 어느 과학자도 최종 목표에 도달해 닻을 내리지 못한다. 과학은 도달한 장소의 이름이 아니다. 영원히 이어질 긴 여정에 붙은 이름이다.

과학이라는 긴 여정에서 과학자 혼자서는 결코 앞으로 나아가지 못한다. 과학의 발전 과정에서 자연스럽게 정착된 과학문화가 있다. 바로 과학자 사회를 구성하는 다른 과학자에 대한 신뢰다. 실제 존재하는 실험 자료를 가지고, 의도적인 조작 없이, 연구가 성실히 수행되었다는 신뢰다. 왜 이런 "일단 믿고 보자"라는 속이기 쉬운 순진한 관행이 과학계에 자리 잡았는지는, 신뢰가 없을 때 어떤 일이 벌어질지를 상상하면 쉽게 이해할 수 있다. 방금 읽은 논문 내용을 전혀 믿지 못한다면, 새로운 연구를 시작하기에 앞서 직접 다시 확인해봐야 한다. 시간과 돈이 드니 과학의 발전은 더딜 수밖에 없다. 과학자도 사람이라 실수를 한다. 성실한 연구 중에 만들어진 실수는 다른 과학자에 의해 곧 바로잡아지고, 실수한 과학자에게 큰 책임을 묻지도 않는다. 하지만 조작은 차원이 다른 문제다. 연구 조작은 과학계의 상호 신뢰라는 관행을 악의적으로 이용한 가장 질이 나쁜 최악의 부정행위다. 연구 결과를 조작한 사람을 과학자 사회의 일원으로 생각할 과학자는 없다.

과학은 목표가 미리 정해져 있지 않은 과정이다. 어디에 도달할지를 미리 안다고 하는 것은 과학이 아니다. 모든 생명체가 동시에 만 년 전에 창조되었다고 100퍼센트 확신하는 사람이 있을 수 있다. 하지만 그 사람은 과학자일 수는 없다. 본인이 자신의 확신을 과학이라고 부르든 말든 말이다. 생명의 역사가 언제 시작되었는지는 연구의 과정에서 밝혀질 내용이지, 연구 이전에 미리 상정할 수 있는 것이 아니기 때문이다. 만약 지구 전역에서 공룡의 화석과 인류의 화석이 같은 지층에서 꾸준히 반복해 발견된다면, 당장이라도 과학계는 지금까지의 합의된 결론을 바꿀 것임이 분명하다. 실제의 수많은 화석기록은 그렇지 않으니, 인류의 탄생이 공룡의 멸종 이후라는 것이 당연한 추론이다. 물론 잠정적인 결론이다. 일반 사람들의 생각과 달리 과학은 100퍼센트 확실한 결과를 주는 것이 아니다. 단지 지금까지의 증거를 모아서 현재 내릴 수 있는 최선의 잠정적 결론을 내리고, 끊임없이 그 결론을 개선해 가는 과정이다. 과학의 적은 목표에 대한 확신이다. 과학은 저 앞에 보이는 명확한 공격목표를 향해 "돌격 앞으로!"를 외칠 수 있는 것이 아니다. 난 과학 앞에 '~을 위한'이라는 수식어가 없는 과학을 꿈꾼다.

지구는 살아남을 수 있을까?

요즘 빠르게 진행되고 있는 기후위기를 생각하면 먼 미래에도 인간이 지금과 같은 방식으로 지구에서 생존을 이어갈 수 있을지 잘 모르겠다. 인류의 미래는 예상하기 어렵지만, 지구 위 모든 생명의 궁극적인 운명은 이미 정해져 있다. 앞으로 50억 년 정도가 지나면 태양은 적색거성이 되어 엄청난 크기로 늘어나 수성과 금성을 삼켜버린다. 그때가 되면 엄청난 열기와 태양풍으로 지구 모든 생명은 절멸할 것이 확실하다. 우리 인류가 기후위기와 핵전쟁 등 온갖 위기를 극복하고 살아남는다 해도 인류의 남은 수명은 50억 년을 결코 넘을 수 없다. 용광로처럼 펄펄 끓을 운명인 지구를 박차고 나가 먼 우주로 이주하지 않는다면 말이다.

50억 년이라는 궁극적인 잔여 수명의 한도를 인류가 모두 채울 수 있을지도 불확실하다. 멀리서 빠르게 날아오는 미지의 혜성과 소행성이 지구에 충돌할 가능성도 있다. 이들 위험한 천체를 미리 발견해서 파괴하거나 경로를 바꿔 충돌을 피할 수 있다고 해도 지구에 또 다른 위험이 닥칠 수도 있다. 별다른 이유 없이 수성이 지구로 날아와 충돌하거나, 가까이 다가온 목성의 중력으로 지구가 정든 고향 태양계를 벗어나 떠돌이 행성으로 먼 우주로 날아갈 가능성은 어떨까? 그런 일은 결코 생길 리 없다고 우리가 확신할 수 있을까? 과학으로 태양계의 안정성을 증명할 수 있을까?

태양계의 안정성 문제를 처음 고민한 사람이 바로 중력 법칙을 발견하고 고전역학을 완성한 뉴턴이다. 미약하더라도 외부의 힘이 주기적으로 작용하면 물체가 큰 폭으로 진동한다는 것이 바로 물리학의 '공명'이다. 태양계 다른 행성들의 주기적 운동의 영향이 중첩해 오래 쌓이면 공명효과에 의해 지구의 궤도가 크게 변할 수도 있다. 토성 테의 원반 구조는 이미 명확히 공명효과를 보여준다. 자세히 보면 토성의 테는 하나로 붙어 있는 원반이 아니어서 마치 LP판의 홈처럼 여러 개의 둥근 고리들로 이루어져 있다. 우리 눈에 밝게 보이는 부분도 있지만 망원경으로 보면 그 사이에 어둡게 보이는 비어 있는 틈들도 있다. 빈 부분에 얼음조각과 같은 물체가 놓이면 토성과 토성 위성의 중력이 주기적으로 영향을 미쳐서 공명효과에 의해 물체의 궤도가 불안정해진다. 결국 이곳에 있던 물체들은 대부분 다른 곳으로 옮겨가 물질이 희박한 빈틈이 만들어진다. 마찬가지로 태양계의 여러 행성이 긴 주기로 규칙적으로 지구에 영향을 미치면 마치 토성 고리의 빈틈에 있던 과거의 얼음조각처럼 지구의 궤도도 불안정해질 수 있다. 이 문제를 처음 고민한 뉴턴은 태양계의 행성 궤도가 먼 미래에는 불안정해질 것으로 예상했다. 기독교인이었던 뉴턴은 이러한 궤도 불안정성이 발생하면 신이 개입해 다시 원래의 안정적인 궤도로 돌려놓는 것이 아닐까 상상하기도 했다. 누가 미적분학을 처음 발견했는지를 두고 뉴턴과 다툰 라이프니츠는, 자연의 원인을 자연 밖에서 찾은 뉴턴의 궁색한 답변에 동의하지 않았다. 가끔씩 수선해야 하는 엉성한 태양계를 전지전능한 신이 창조했을 리 있겠냐는 라이프니츠의 조롱 섞인 비판이 기록으로 남아 있다.

타원궤도의 긴지름이 점점 더 길어지는 것을 궤도 불안정성의 지표로 생각할 수 있다. 타원의 짧은지름은 점점 줄어들고 긴지름이 점점 늘어나면 행성은 태양으로부터 멀어져 결국 이전의 궤도를 크게 이탈하기 때문이다. 라플라스와 라그랑주는 서로 편지를 교환하며 연구를 진행해 특정 조건을 만족한다면 다른 행성의 영향이 있어도 행성궤도의 긴지름이 일정하게 유지된다는 것을 보였다. 뉴턴의 불안정성 주장과 라플라스와 라그랑주 팀의 안정성이 1:1의 무승부를 이룬 셈이다. 이후 태양계의 안정성 문제를 연구한 위대한 과학자들

로는 요한 카를 프리드리히 가우스, 앙리 푸앵카레, 시메옹 드
니 푸아송, 그리고 20세기의 블라디미르 아르놀트 등이 있다.
20세기 중반까지도 태양계의 안정성과 불안정성의 주장이 엎
치락뒤치락 길게 이어졌다.

19세기 말 스웨덴 국왕 오스카르 2세는 태양계의 안정
성을 증명하는 문제를 해결하는 과학자에게 주겠다며 1천 크
로나의 상금을 걸었다. 푸앵카레는 태양계의 안정성을 증명
한 논문을 제출해 상금을 받았지만, 이후 논문의 오류를 스스
로 바로잡아 거꾸로 태양계의 불안정성을 주장하는 논문을
다시 발표했다. 푸앵카레는 딱 세 개의 물체만 있는 경우에도
이들 물체가 보여줄 미래의 운동을 수식의 형태로 적어서 해
석적으로 예측할 수 없다는 것을 보였다. (바로 이 물리학의 삼
체문제three-body problem를 주요 소재로 한 류츠신의 멋진 소설《삼체》
를 추천한다. 항성이 셋이어서 궤도가 불규칙하고 따라서 기후도 불규칙
한 외계 행성의 이야기가 작가의 놀라운 상상력으로 펼쳐지는 재밌는 소
설이다.)

오랜 기간 오리무중이었던 태양계의 안정성 문제가 해
결의 조짐을 보이기 시작한 계기를 만든 것이 바로 컴퓨터의
발전이다. 삼체문제의 해석적인 답을 알아낼 수 없다고 해서
삼체의 운동을 우리가 예측할 수 없다는 뜻은 아니다. 운동방
정식을 적고 이를 컴퓨터 프로그램을 이용해 수치적분하면
셋뿐 아니라 이보다 더 많은 수의 물체라도 우리가 원하는 정

확도로 미래의 상태를 알아낼 수 있다. 수치해석을 이용한 여러 연구를 통해 20세기 말엽 태양계의 안정성에 대한 답이 얻어졌다. 태양계의 먼 미래는 예측할 수 없으며 태양계는 본질적으로 불안정하다는 명확한 결론이다. 먼 미래 태양계의 불안정성은 수성으로부터 촉발될 가능성이 큰 것으로 알려졌다. 수성의 운동이 목성의 운동과 서로 맞물리게 되고, 이로 인해 수성 궤도가 점점 더 길쭉하게 늘어난다. 확률은 작지만, 이렇게 긴지름이 늘어난 궤도를 따라 운동하는 수성은 태양에 충돌할 수도, 금성에 충돌할 수도 있다. 수성의 궤도가 급변하면 그 영향이 멀리 파급되어 화성이 지구와 충돌할 가능성이 있다는 것도 알려졌다.

태양계의 불안정성에 대한 합의는 이루어졌지만 과연 궤도의 불안정성이 얼마나 긴 시간의 척도에서 일어날까에 대해서는 문제가 남아 있었다. 태양에 가까운 지구형 행성들의 불규칙 운동에 관여하는 시간의 척도는 수백만 년 정도로 짧고, 멀리서 공전하는 목성형 거대 행성들의 궤도 불안정성은 수십억 년 정도의 시간 척도로 일어날 것으로 알려져서, 두 시간 척도가 서로 맞지 않는다는 문제였다. 최근 발표된 한 논문에서는(DOI: 10.1103/PhysRevX.13.021018) 태양에 가까운 지구형 행성 궤도의 불안정성의 시간 척도를 좀 더 발전된 이론과 수치계산으로 다시 살펴봐서 시간 척도의 불일치 문제를 해결했다. 태양계가 불안정한 것은 맞지만 현재의 궤도로부터 여러 행성이 크게 이탈하는 사건은 앞으로 수십억 년 뒤에야 일어날 것이라는 결과가 얻어졌다.

만약 이 예측이 맞다면, 지구 위 생명은 50억 년이라는 궁극적인 수명의 한도를 끝까지 채우며 오래 생존할 수도 있다. 멀리서 날아오는 작은 천체의 충돌을 잘 피한다면, 그리고 기후위기 등 우리가 만든 문제를 우리 스스로 잘 극복한다면 말이다. 태양계는 불안정하지만, 우리가 궁극의 수명을 채울 수 있을지는 결국 우리 손에 달린 것이 아닐까.